Caspar Dohmen   Otto Moralverbraucher

Caspar Dohmen

Otto Moralverbraucher

Vom Sinn und Unsinn engagierten Konsumierens

orell füssli Verlag

Umschlaggestaltung: Hauptmann & Kompanie Werbeagentur, Zürich.

Druck: fgb • freiburger graphische betriebe, Freiburg

ISBN 978-3-280-05521-2

Bibliografische Information der Deutschen Nationalbibliothek: Die Deutsche Nationalbibliothek verzeichnet diese Publikation in der Deutschen Nationalbibliografie; detaillierte bibliografische Daten sind im Internet über http://dnb.d-nb.de abrufbar.

Inhalt

Einleitung 7

Prolog 11

Von der Entdeckung der Verbrauchermacht 19
Busse boykottieren: Bürgerrechte erlaufen 30
Steile Karriere: Der Käuferstreik 36
Die Marke: Achillesferse mächtiger Konzerne 51
FCKWs-Verbot: Ozonloch stopfen – eine
Gemeinschaftsaufgabe 63
Immun gegen den Boykott: Firmen unter sich 68
Kult macht blind: Apple 73
Krötenwanderung: Geldanlagen boykottieren 79
Boykott: Eine Bilanz 92

Vom Instrument zum Politikersatz 97

Der Ausbau der Konsumentenmacht 107
Buykott: Korrektes Einkaufen im Wilden Westen . . . 107
Nicaragua: Der faire Handel lernt laufen 118
Weltläden: Lernen beim Einkauf in Europa 122
Schizophren: Europas Verbraucher 131

Fairer Handel: Stachel im Wirtschaftsgefüge 145
Grenzen der Einkaufsmacht: Fehlende Angebote . . . 165

Neue Aufgaben und Hindernisse für Verbraucher 173
Kauf-Nix-Tag: In den Fußspuren der Hippies 195

Die Rückkehr in die politische Arena 207

Einleitung

»Macht entsteht, wann immer Menschen sich zusammenschließen
und gemeinsam handeln«   Hannah Arendt

Können Konsumenten mit korrektem Einkaufen die Welt retten? Davon ist viel die Rede. Verbraucher ordern grünen Strom, kaufen Äpfel aus der Region, fair gehandelte Bananen aus Costa Rica, verschmähen Fast Food und essen vegetarisch oder vegan. Sie steigen in ein Fahrzeug mit Hybridantrieb, wechseln zu einer ethischen Bank oder boykottieren Konzerne, die genmanipulierte Lebensmittel herstellen oder Gewinne in Steueroasen verschieben. Längst ist von einer »Moralisierung der Märkte« die Rede und Umfragen zeigen: Der ethische Konsum findet immer mehr Anhänger. In nur zwei Jahren stieg laut der Otto-Trendstudie die Zahl derer, die zufolge eigenen Angaben häufig nach ethischen Maßstäben einkaufen, um fast ein Drittel. Jeder siebte Konsument achtet laut einer Umfrage des Allensbacher Meinungsforschungsinstituts beim Einkauf darauf, dass die Produkte aus fairem Handel stammen, jeder Fünfte legt Wert auf den ökologischen Anbau der Produkte.

Wir sind Zeugen eines in seiner Bedeutung nicht zu unterschätzenden Wandels. Manche Menschen lassen bereitwillig ihre demokratischen Mitspracherechte verkümmern und setzen lieber auf ihr Votum als Verbraucher, weil sie sich davon mehr Einfluss versprechen. Gehen wir nicht täglich einkaufen, während wir nur alle vier Jahre wählen? Gezielter Konsum ist für einige Zeitgenossen also eine ernsthafte Alternative zu politischem Handeln, ganz nach dem Motto: Das Private ist politisch. Den Aktivisten, die Verbrauchermacht im 19. Jahrhundert als ein Instrument entdeckten, ging es um etwas anderes: Sie setzten ihre Hoffnung auf die Politik und wollten mit ihrem Konsumverhalten die politischen Regeln in ihren Gesellschaften ändern. Für sie war das individuelle Einkaufsverhalten eine weitere Möglichkeit, um politischen Druck auf ihre Regierungen auszuüben. Dem Aufruf zum Boykott von Zucker der Abolitionisten, den Verfechtern der Abschaffung der Sklaverei, folgten schon damals hunderttausende Konsumenten in England. Aus demselben Grund gründeten Aktivisten zur gleichen Zeit in den Vereinigten Staaten Läden, in denen Verbraucher von freien Arbeitern hergestellte Produkte einkaufen konnten, gewissermaßen die Vorläufer unserer heutigen Weltläden und Biosupermärkte.

Der gezielte Einkauf oder die bewusste Kaufverweigerung sind zentrale Bestandteile der Kampagnen von Bürgerrechtlern, Umweltschützern oder Menschenrechtlern für eine gerechtere oder grünere Welt. Adressaten des Protests sind neben Regierungen zunehmend Konzerne geworden. Ständig finden weltweit viele unterschiedliche Aktionen parallel statt. Denn dank des Internets können Konsumenten sich einfach, effizient und schnell organisieren.

Die Macht der Konsumenten wurde im Laufe der Zeit immer wieder gefeiert oder totgesagt. Derzeit überwiegt in der Öffentlichkeit die Euphorie: »Die Konsumenten werden in fünf bis zehn Jahren die Macht in ihren Händen halten«, sagte Unilever-Chef Paul Polman 2011 dem *Guardian* mit Blick auf die *Occupy*-Bewegung. Wer sich als Unternehmen unsozial und unökologisch verhalte, werde »aussortiert«. Auch Politiker appellieren an die Verantwortung der Konsumenten. Nach der gescheiterten Klimakonferenz von Kopenhagen sagte die Grünen-Politikerin Renate Künast: »Jeder Einzelne macht jetzt bei sich zu Hause Kopenhagen.« Auch nach Katastrophen in asiatischen Fabriken, wo heute ein Großteil der Waren gefertigt wird, kommt regelmäßig der Hinweis auf die Verantwortung der Konsumenten. Auf den ersten Blick sind die Verbraucher stark, angesichts eines Einkaufsvolumens von 500 Millionen Euro, das alleine in Deutschland täglich über die Theke wandert. Aber, stimmt die These von der steigenden Macht der Konsumenten? Ich versuche in diesem Buch drei Jahrhunderte Konsumentenboykotte und -buykotte zu bilanzieren, aus Sicht der Aktivisten, der Wissenschaftler und der Gesellschaft. Ich zeige auf, wann Verbraucher erreichten, was sie wollten, wann und weshalb sie scheiterten, und ich frage nach dem Potenzial und den Grenzen von gezieltem Konsum als Mittel gesellschaftlicher Gestaltung. Das vorliegende Buch habe ich für diejenigen unter uns geschrieben, die sich um unsere Welt sorgen und die etwas verändern wollen und sich nun fragen: Kann ich beim Einkauf bessere Arbeitsbedingungen für die Beschäftigten in den Fabriken der Entwicklungsländer erreichen? Können Konsumenten Kleinbauern wirksam unterstützen? Ändern Konzerne auf Druck von Konsumenten ihr Verhalten? Kann jeder Einzelne sich im Supermarkt als Klimaretter betätigen?

Einen unveränderlichen Status quo unserer gesellschaftlichen Verhältnisse kann es nicht geben: Dafür sorgen schon alleine die schwindenden Ressourcen, der Anstieg der Weltbevölkerung, die Alterung der Menschen, neue Bedürfnisse, der steigende Wettbewerb auf den Weltmärkten, die fortschreitende Zerstörung der Umwelt und die Konzentration des Einkommens in der Hand weniger Menschen. Unsere Art zu leben und zu wirtschaften steht deshalb über kurz oder lang vor einer großen Transformation, vergleichbar derjenigen vor zwei Jahrhunderten von der Agrar- zur Industriegesellschaft. Offen ist nur die Richtung dieser Transformation. Die entscheidende Frage ist: Wie können wir einen verantwortlichen Kapitalismus entwickeln und unsere Lebensgewohnheiten mit den vorhandenen Ressourcen auf eine nachhaltige Art und Weise in Übereinstimmung bringen – und können wir dies eher als bewusst agierender Konsument oder als politisch handelnder Bürger?

Prolog

Die Katastrophe in der bengalischen Stadt Savar katapultierte die Frage nach der Verantwortung für Produktionsbedingungen auf die globale Tagesordnung. Am 24. April 2013 stürzte binnen neunzig Sekunden der neunstöckige Gebäudekomplex *Rana Plaza* ein. Über 1100 Menschen starben, mehr als 2400 verletzten sich. Das schwerste Fabrikunglück in der Geschichte Bangladeschs war jedoch vorhersehbar gewesen. Der Besitzer hatte Auflagen umgangen, schlechtes Material verwendet und das Gebäude auf sumpfigem Gelände errichtet – die Behörden schauten tatenlos zu. Gerade einmal fünf Jahr hielt der Gebäudekomplex, dann brach er wie ein Kartenhaus in sich zusammen, weil er den Belastungen der tonnenschweren Dieselgeneratoren nicht standhalten konnte, die regelmäßig im Gebäude angeworfen wurden, wenn wieder einmal der Strom ausfiel – wie am Unglückstag. Trotzdem hätte niemand sterben müssen. Vor dem Zusammensturz gab es ausreichend Alarmzeichen wie Risse in dem Gebäude, weswegen eine Bank ihre Filiale schloss und die Mitarbeiter nach Hause schickte. Anders reagierten die Verantwortlichen der fünf in dem Komplex untergebrachten Textilfabriken: Sie beorderten Tausende Beschäftigte an die Nähmaschinen. In den Trümmern lagen neben den Leichen auch hunderte Etikette, ob von *Joe Fresh*, *Primark*,

Benetton, Wal-Mart, Mascot, The Children's Place und *KiK*. Solche großen Modehäuser und Einzelhandelsketten sind die Verbindungsglieder zwischen den Fabriken im Süden und den Konsumenten im Norden. Deren Einkäufer vergeben immer mehr Aufträge nach Bangladesch, aktuell das führende Billiglohnland in Sachen Textilien. Daran hat auch die Katastrophe nichts geändert. In dem Monat nach dem Unglück stieg der Exportumsatz des Landes mit Textilien sogar noch an.

Wer der Geiz-ist-geil-Mentalität vieler Konsumenten und den Rendite-Erwartungen der Investoren gerecht werden will, vergibt gerne Aufträge in das Land mit seinen 160 Millionen Einwohnern. In Kambodscha beträgt der Mindestlohn für Textilarbeiter bereits das Doppelte, in Nicaragua, dem zweitärmsten Land der westlichen Hemisphäre, das Dreifache, und in China sogar bereits das Fünffache. Dagegen bekommen viele Näherinnen in Bangladesch für einen Monat Plackerei nur den Mindestlohn von 37 Dollar ausbezahlt – sie leben trotz Knochenarbeit in absoluter Armut. Deren Grenze zieht die Weltbank nämlich bei einem Einkommen von täglich 1,25 Dollar, was monatlich etwa 37 Dollar entspricht. Wer in absoluter Armut lebt, kann definitionsgemäß lebenswichtige Grundbedürfnisse nicht befriedigen, leidet unter schwerwiegenden Entbehrungen und kämpft permanent um sein Überleben.

Vier Millionen Menschen arbeiten in der Bekleidungsindustrie von Bangladesch, davon vier Fünftel Frauen. Sie nähen in 13- bis 16-Stunden-Schichten. Überstunden, Lohndumping und sexuelle Übergriffe sind an der Tagesordnung. Als Gegenargument gegen deutliche Lohnerhöhungen wird angeführt, dass dann internationale Firmen weniger Aufträge in das Land vergeben könnten und es den Leuten folglich noch schlechter ginge. Das darf aber nicht als Entschuldigung dafür dienen, die Hände in den Schoss zu legen. Denn wahr ist auch, dass die Frauen meist keine andere Möglichkeit haben, als in solchen Fabriken zu nähen. Das ist jedoch kein Naturgesetz. Gäbe es weltweit strengere Mindeststandards für die Produktion, würden davon selbstverständlich auch die Beschäftigten in Bangladesch profitieren. Und wahr ist auch, dass die Konzerne anders kalkulieren und den Arbeitern mehr bezahlen könnten – sie haben den notwendigen Spielraum. Das zeigt ein Blick in die Bilanzen großer Modekonzerne: *Inditex*, der größte Textilhersteller der Welt, dem Marken wie *Zara, Massimo Dutti, Stradivarius* gehören, erzielte allein 2012 einen Nettogewinn von 2,4 Milliarden Euro, und bei *H&M*, einem seiner härtesten Rivalen, waren es 1,79 Milliarden Euro. Selbst bei dem Textildiscounter *Primark* beträgt der Gewinnanteil ungefähr ein Zehntel des Umsatzes. Die Modefirmen und der Handel müssten schätzungsweise nur etwa 25 Eurocent je Kleidungsstück mehr an Lohn einkalkulieren, damit eine Näherin in Bangladesch monatlich etwa 120 Dollar erhalten könnte, also den Lohn, den das Gewerkschaftsbündnis *Asia Floor Wage* für notwendig hält. Denn laut der NGO *Kampagne für Saubere Kleidung* betragen die Lohnkosten bei einer in Asien genähten Jeans für hundert Euro Ladenverkaufspreis gerade einmal ein Euro. Auf die Werbung entfallen 25 Euro und satte 50 Euro bekommt der Handel.

Weitere Unglücksfälle sind vorprogrammiert. Rund 240 000 industriell genutzte Gebäude gibt es allein rund um die bengalische Hauptstadt Dhaka. Jeder dritte Bau gilt als besonders gefährdet und müsste eigentlich geschlossen werden. Dazu wird es jedoch nicht kommen, weil das bitterarme Land von der Textilindustrie abhängig ist. Bangladesch ist kein Einzelfall: Zu schweren Zwischenfällen kommt es regelmäßig auch an anderen Werkbänken des Südens. Dagegen gibt es in den Fabriken im Norden meist hohe Sicherheitsstandards, die zudem gewöhnlich penibel überwacht werden.

Die bengalischen Beschäftigten kämpften immer wieder für bessere Arbeitsbedingungen: Sie legten bei Streiks mehrfach hunderte Fabriken lahm, um einen besseren Schutz und einen höheren Mindestlohn durchzusetzen. Die Polizei ging regelmäßig mit Tränengas und Gewalt gegen protestierende Arbeiter vor. Auf dem Papier besteht zwar Gewerkschaftsfreiheit, in der Praxis gibt es aber große Hürden. Wer sich für die Rechte der Arbeiter einsetzt, werde von Behörden »schikaniert und eingeschüchtert«, heißt es bei der Menschenrechtsorganisation *Amnesty International*. Gewerkschafter riskieren sogar ihr Leben. So wie der ehemalige Textilarbeiter Aminul Islam, der schon einmal vom Geheimdienst wegen gewerkschaftlicher Aktivitäten verhört worden war, bevor er im April 2012 ermordet aufgefunden wurde, mit Folterspuren.

42 Prozent der Parlamentsabgeordneten besitzen eine Textilfabrik. Auch die Unglücksfabrik in Savar gehörte einem Politiker, der sich gute Chancen ausrechnete, bald einen Sitz im Parlament zu erlangen. Diese eng verwobene wirtschaftliche und politische Elite hat bislang fast jeden Fortschritt für die Beschäftigten abgeblockt. Die Lieferanten werden aber auch selbst von den Auftraggebern unter Druck gesetzt, beispielsweise indem bei der Abnahme Mängel reklamiert werden. Es

ist eine Abwärtsspirale. In diesem Umfeld können die Fabrikanten kaum höhere Preise durchsetzen. Schließlich ist die Karawane der Textilhersteller in den vergangenen Jahrzehnten schon oft weitergezogen, bald könnte ein Sprung nach Afrika anstehen.

Bangladesch ist nicht einmal die unterste Stufe der weltweiten Arbeitsteilung in der Textilindustrie. So vergab der ostwestfälische Modemacher *Gerry Weber* 2008 Aufträge nach Nordkorea, also in jene Bastion des Steinzeit-Kommunismus, wo Bürger regelmäßig bei geringsten Unbotmäßigkeiten in Arbeits- und Erziehungslager eingesperrt werden. Die Menschenrechtsorganisation *Amnesty International* spricht von »hunderttausenden mutmaßlichen Oppositionellen und Dissidenten«, die interniert sind. Noch 2011 verteidigte Vorstandschef Gerhard Weber die Entscheidung für die Produktion in Nordkorea in der Zeitschrift *Börse Online*: »Wenn in Nordkorea niemand mehr produzieren lassen würde, ginge es den Menschen dort noch schlechter.« Mittlerweile hat das Unternehmen einen Rückzieher gemacht und vergibt keine Aufträge mehr nach Nordkorea. Aus den nordkoreanischen Sonderwirtschaftszonen und abgeschotteten Arbeitslagern dringen – anders als aus Bangladesch – kaum Nachrichten bis zum westlichen Verbraucher.

Bislang gibt es meistens nur Placebo-Vereinbarungen in der Textilindustrie, in denen Auftraggeber ihre Order an Mindeststandards bei den Zulieferern knüpfen. Dass diese in der Praxis von den Subunternehmen nicht eingehalten werden und teilweise auch gar nicht eingehalten werden können, kümmert sie oft wenig. Als weitgehend wirkungslos dürfte sich auch das von der Branche gefeierte neue Abkommen für Brandschutz und Gebäudetechnik entpuppen, welches nach dem Einsturz des *Rana Plaza* fast alle europäischen Modemarken und Textilhändler unterschrieben. Ein vernichtendes Urteil fällte die *Wirtschaftswoche*: »Vorläufig ist das Abkommen nicht mehr als ein breit angelegtes PR-Manöver: Dem temporär schockierten Verbraucher soll suggeriert werden, dass sich die Modelabel um die Sicherheit der Arbeiter kümmern.«

Die Verbraucher selbst reagierten kaum auf das Unglück, jedenfalls nicht messbar. Dabei haben Politiker, Kommentatoren und Aktivisten an Recht auf die Verantwortung der Konsumenten in den westlichen Abnehmerländern verwiesen, die 90 Prozent der Textilproduktion aus dem Land kaufen. Denn wer sich als Konsument umschaut, findet durchaus Kleidung, die er mit gutem Gewissen tragen kann. Allerdings gibt es diese Waren häufig nur in kleinen Boutiquen oder bei speziellen Onlineanbietern wie *Zündstoff* aus Freiburg oder dem *Bekleidungssyndikat* aus Hannover. Beide importieren auch direkt Waren von einer ungewöhnlichen Fabrik in Nicaragua. Am Rande der Hauptstadt Managua steht ein Gegenentwurf zu den Textilfabriken mit ihren Abermillionen Beschäftigten im Süden.

Dreißig Frauen und Männer arbeiten Hand in Hand: Eine schneidet mit Schablonen T-Shirt-Hälften aus einer blauen Baumwollbahn aus, eine andere näht mit einer Maschine die Vorder- und Rückseiten zusammen, eine dritte säumt die Nähte, ein weiterer Mitarbeiter näht die Etiketten ein. Sie scherzen, in einem Radio läuft Latino-Pop. Auf einem Ständer hängen T-Shirts mit Schriftzügen in diversen Sprachen: »Arm trotz Arbeit«, »Amor, Amistad, Companerismo« oder »Nicaragua«. In der Mittagspause sitzen einige Näherinnen im Schatten eines Baumes an einem Holztisch und plaudern. Die Fabrik gehört den Beschäftigten selbst. Sie haben ihr Logo auf die Mauer gepinselt, die Silhouette einer Frau, die eine Nähmaschine wie eine Trophäe über ihrem Kopf trägt.

1998 schlug der Hurrikan Mitch eine Schneise der Verwüstung in das mittelamerikanische Land. 4000 Menschen starben, einige Tausend wurden vermisst. Auch Teile der Textilindustrie wurden zerstört, viele Leute verloren ihre Jobs. Mit Hilfe des *Center for Development in Central America* bauten die Arbeiterinnen die Kooperative in einer Freihandelszone auf. Solche Areale richten Regierungen in vielen Entwicklungsländern eigentlich ein, um ausländische Konzerne mit Zoll- und Steuerprivilegien anzulocken. Neu war die Idee, dass von diesen Privilegien eine einheimische Genossenschaft profitieren sollte. Nach drei Jahren stand die Fabrik der Näherinnen-Kooperative *Nueva Vida*. Die ersten Waren nahm *Maggie`s Organics* ab, eine amerikanische Firma, die seit ihrer Gründung 1992 auf faire und ökologische Produktion achtet.

»Wir haben alles selbst gemauert«, sagt die Mitgründerin Sulema Mena Garay. Und dann erzählt die 44-Jährige, während sie an einem Tisch mit einer Stoffschere Fadenreste von T-Shirts schneidet, wie sie heute im Plenum der Genossenschaft selbst über ihre Arbeitsbedingungen und ihren Lohn bestimmen: Sie zahlen sich monatlich umgerechnet 215 Dollar aus, knapp ein Drittel mehr als den gesetzlichen Mindestlohn, den Arbeiter hier in gewöhnlichen Fabriken erhalten. Auf 48 Stunden haben sie ihre wöchentliche Arbeitszeit festgesetzt,

Überstunden vergüten sie doppelt. Jeder hier in der Halle hat eine Krankenversicherung, bekommt Urlaubs- und Weihnachtsgeld. »Hier könnten mehr Leute arbeiten«, sagt Garay ,während ihr Blick durch die Fabrikhalle schweift – sie ist halbleer.

Solche Produktionsbedingungen sind im Süden die Ausnahme, der Normalfall sieht anders aus: Hunderte Millionen Frauen, Männer und Kinder schuften unter lebensgefährlichen Bedingungen, ob bei Zulieferern der Computerindustrie in Asien, in Quecksilber verseuchten Bergwerken in Afrika oder als Quasi-Leibeigene auf Plantagen in Lateinamerika. Dabei hat jeder Mensch das Recht auf gerechte und befriedigende Arbeitsbedingungen. So steht es schon in der Allgemeinen Erklärung der Menschenrechte aus dem Jahr 1948. Die weltweite Umsetzung dieser Forderung klingt in den Ohren der meisten Menschen unrealistisch, so wie die Forderung nach einer Abschaffung der Sklaverei im 18. Jahrhundert. Damals entstand jedoch eine Bewegung, die die Sklaverei beenden sollte. Die Aktivisten setzten bei ihrem Kampf erstmals auch die Macht ein, die jeder Einzelne als Konsument hat.

Von der Entdeckung der Verbrauchermacht

Aufrufe zu Konsumentenboykotten gibt es regelmäßig, ob gegen den Internethändler *Amazon* in Großbritannien, der dort trotz Milliardengewinnen kaum Steuern zahlt und seine Gewinne in legale Steueroasen lenkt, gegen den ehemaligen Handyhersteller *Nokia,* als der sein Werk in Bochum schloss, oder den Getränkekonzern *Coca Cola.* Aktivisten werfen dem Unternehmen vor, Menschenrechtsverletzungen gegen Mitarbeiter in Kolumbien zu ignorieren und für Umweltzerstörung in Indien mitverantwortlich zu sein.

Verbraucher in den Industrieländern halten viel von gezielter Kaufverweigerung, auch in Deutschland: 82 Prozent sehen im Boykott laut Umfrage ihr »wichtigstes Einflussmittel« auf das Wirtschaftsgeschehen. Und Konsumenten lassen ihren Worten auch öfter als früher Taten folgen und beteiligen sich an Boykotten. Vorreiter bei dieser Art Käufervotum sind aber immer noch die angelsächsischen Länder Großbritannien und USA, wo der politische Konsum auch Premiere hatte, beim Kampf gegen die Sklaverei. Der erste Verbraucherboykott der Weltgeschichte war zugleich auch der bedeutendste und in seiner Wirkung unübertroffen. In ihm ist alles enthalten, was wir auch heute oft bei Boykotten beobachten: schrullige Gestalten, alternative Protestmilieus und die Mittel, mit denen Käuferstreiks organisiert werden.

Die Sklaverei war im 18. Jahrhundert ein globales Phänomen: Einer von vier Menschen lebte unfrei, ob als schwarzer oder weißer Sklave in der islamischen Welt oder auf den Plantagen jenseits des Atlantiks, als Kriegsgefangener und Schuldknecht in Afrika, als Leibeigener in Osteuropa oder Landarbeiter in Indien.

Die Wirtschaft fußte seit der Antike auf der Zwangsarbeit, die in den Augen der Herrschenden als notwendig und legitim galt. »Die Menschheit ist zweigeteilt: in Herren und Sklaven«, bemerkte der griechische Philosoph Aristoteles im vierten Jahrhundert vor Christus. Mehr als zwei Jahrtausende später, 1763, erklärte der schottische Nationalökonom und Moralphilosoph Adam Smith, ein in vielen Dingen progressiv denkender Kopf, fast schon resignierend: Die Sklaverei »ist seit dem Beginn der Gesellschaft überall anzutreffen, und die Liebe zu Herrschaft und Autorität über andere Menschen wird sie wahrscheinlich unvergänglich machen.« Smith war aus ethischer Überzeugung gegen die Sklaverei, für ihn sprachen aber auch handfeste ökonomische Gründe dafür, sie abzuschaffen: Sklaven seien bei der Arbeit weniger motiviert und erfinderisch als freie Arbeiter, schreibt er in seinem Hauptwerk, *Wohlstand der Nationen*.

Die meisten Zeitgenossen hielten Sklaverei dagegen für unverzichtbar für das Wirtschaftssystem. Ein Sklave war rechtlich betrachtet ein Gegenstand, so wie ein Pflug oder ein Stuhl. Wer einen Sklaven besaß, durfte ihn ausbeuten, verprügeln, verkaufen, vergewaltigen und umbringen – alles ungestraft.

Nur wenige ließen ihre Sklaven frei oder kauften gar welche, um ihnen die Freiheit zu schenken. Wer sich für das Ende der Sklaverei einsetzte, galt als ein Spinner.

Quäker gingen als erste gesellschaftliche Gruppe gegen die Sklaverei vor, also Mitglieder jener Religionsgemeinschaft, die der Handwerker George Fox im 17. Jahrhundert in England gegründet hatte. Sie lehnten aus Gewissensgründen jede Form der Gewalt ab, weswegen sie den Kriegsdienst verweigerten und gegen die Sklaverei votierten. Quäker waren wegen ihres Glaubens selbst oft drangsaliert und eingesperrt worden. Allein Fox wurde acht Mal ins Gefängnis gesteckt. Viele wanderten deswegen in die nordamerikanischen Kolonien aus, wo sie zumindest in einigen Gebieten wie dem Gebiet der heutigen Bundesstaaten Pennsylvania und Delaware ungestört ihren Glauben praktizieren konnten. Aus diesem Milieu stammt ein Großteil der Pioniere des politischen Konsums.

Als John Woolman 1720 geboren wird, gab es einige hunderttausend Sklaven in Amerika. Nachschub holten Sklavenhändler aus Afrika. Woolmann, der Schneider war, wollte auf keinen Fall von der Ungerechtigkeit der Sklaverei profitieren. Er verzichtete deswegen auf den Kauf von Produkten, die teilweise oder ganz von Sklaven hergestellt wurden, ob Silberbesteck, gefärbte Kleidung aus Baumwollstoffen oder Zucker. »Immer wieder musste ich eindrücklich an die Unterdrückung der Sklaven denken, die ich gesehen habe. Angesichts dessen lehne ich es seit einigen Jahren ab, meinen Gaumen mit diesem Zucker zu verwöhnen. Ich will meinen Brüdern bei diesen Dingen keine Vorschriften machen, aber ich bin der Überzeugung, dass der demütige Christ sich ernsthafter mit der Frage beschäftigen sollte, unter welch beklagenswerten Bedingungen Menschen die Produkte unseres Handels und häufigen Gebrauchs ernten«, schrieb Woolman in dem Journal *New Jersey Friend*. Um andere für sein Anliegen zu gewinnen, unternahm er auch ausgedehnte Vortragsreisen in den Kolonien, seine letzte führte ihn 1772 jedoch ins Mutterland England. Hier gab es eine starke Sklavenlobby und eine Verquickung wirtschaftlicher und politischer Interessen der Mächtigen – ganz wie heute in Bangladesch in der Textilwirtschaft.

Der Londoner Bürgermeister besaß Plantagen mit Sklaven, genauso wie diverse Abgeordnete im Oberhaus oder in den lokalen Parlamenten von Liverpool oder Bristol, den beiden englischen Städten mit den wichtigsten Häfen für den Sklavenhandel. Selbst der *Church of England* gehörten Farmen und Sklaven in Übersee, und deren Mission unterhielt Plantagen auf Barbados. Mit heißen Eisen wurde Sklaven der Schriftzug »Society« in die Brust eingebrannt. Die Sklaverei unterstützten breite Teile der gewöhnlichen Bevölkerung: Schließlich erlebte England dank der Einnahmen aus dem westindischen Zuckeranbau einen Wirtschaftsboom, die Zollabgaben auf Zucker waren einer der wichtigsten Posten im Staatshaushalt und der Lebensunterhalt tausender Händler, Seeleute und Schiffbauer hing ganz oder teilweise vom Sklavenhandel und Zuckeranbau ab. Viele Bürger profitierten vom Status quo und sperrten sich gegen Veränderungen, zumal große Teile der Elite ihnen deutlich vor Augen führten: Ohne Sklavenhandel werde die Wirtschaft des Königreichs kollabieren.

Als gesellschaftliche Außenseiter blitzten die schrulligen Quäker mit ihrer Forderung nach einem Ende der Sklaverei regelmäßig ab. Wegen ihres Glaubens waren ihnen öffentliche Ämter verschlossen, weswegen sie zwangsläufig auf die Druckmittel einer außerparlamentarischen Opposition setzen mussten. Einige Jahrzehnte hatten sie bereits ziemlich erfolglos agiert, dann kündigte sich ein gesellschaftlicher Wandel an. »Anne liceat invitos in servitutem dare?« – »Ist es rechtens, andere gegen ihren Willen zu versklaven?«, lautete die Preisfrage für den lateinischen Rhetorik-Wettbewerb der Universität Cambridge im Jahre 1785. Wer einen solchen Wettbewerb für sich entschied, der hatte damals die besten Karrierechancen. Thomas Clarkson, der mit einem Stipendium für begabte Kinder verstorbener Geistlicher an der Universität studierte, überzeugte die Jury mit seinem Plädoyer gegen die Sklaverei. Er übersetzte seine Rede aus der Sprache der Gelehrten in die Sprache des Volkes, ins Englische. »Ich wollte, dass der Essay zu denen (...) seinen Weg fände, die denken würden wie ich und mit mir handeln würden«, schreibt Clarkson in seinem Buch über die Sklavenbefreiung. Auf der Suche nach einem Verleger lernte er Gleichgesinnte kennen. Man gründete 1787 gemeinsam die »Society for Effecting the Abolition of the Slave Trade«, die als die berühmte Abolitionisten-Bewegung in die Geschichtsbücher einging.

Wir wissen heute oft nicht, woher unsere Sachen kommen und unter welchen Umständen sie hergestellt werden. Wir sehen einem Kleidungsstück nicht an, ob es in einem Gulag in Nordkorea oder Russland genäht worden ist. Wir wissen auch nicht, welche Chemikalien die Arbeiterinnen in Kenia einatmen, die einen Großteil unserer Rosen pflücken, oder wer im Kongo schon alles gestorben ist, weil er an der Herstellung oder dem Transport der Seltenen Erden beteiligt war, die heute in einem gewöhnlichen Handy stecken. Ähnlich schlecht informiert waren damals die Menschen in England über die Herstellungsweisen von Importwaren wie Zucker, Kaffee oder Tee. Wer außerhalb der Häfen lebte, der bekam von den Schattenseiten der Sklavenwirtschaft wenig mit.

Die Abolitionisten entwickelten einige Kreativität, um ihre Zeitgenossen über die Ungeheuerlichkeiten der Sklaverei aufzuklären: Sie recherchierten akribisch in den Häfen und auf den Schiffen, wie die Sklaven behandelt wurden. Sie überzeugten Beteiligte, als Zeugen auszusagen, wie etwa den Schiffsarzt, der auf der monatelangen Fahrt mit einem Sklaventransporter den grausamen Alltag heimlich protokollierte und anschließend veröffentlichte.

Auf den Zuckerplantagen schufteten die Sklaven unter erbärmlichen Bedingungen: Sie mussten in gleißender Hitze Pflanzen setzen und in der fünfmonatigen Erntesaison die messerscharfen Blätter in Zwölfstundenschichten ernten, um danach oft noch bis tief in die Nacht den Zucker in den Mühlen zu verarbeiten. Das war eine gefährliche Arbeit, bei der sich Sklaven oft an dem siedenden Wasser verbrühten oder ihre Hände in den Pressen zerquetschten. »Die Karibik war ein Schlachthaus«, schreibt der Autor Adam Hochschild in *Sprengt die Fesseln*, seinem bemerkenswerten Buch über den Kampf gegen die Sklaverei.

Aktivisten fertigten Darstellungen dieses Arbeitsalltags und führten den Menschen Fußfesseln, Peitschen und Daumenschrauben vor, mit denen die Schwarzen regelmäßig malträtiert wurden. Ihre Spendenbriefe an wohlhabende Bürger versiegelten sie mit dem Bild eines angeketteten Afrikaners, kniend und mit flehend ausgestreckten Händen dargestellt. »Am I not a Man and a Brother?«, steht unter dem vielleicht ersten Logo einer zivilgesellschaftlichen Kampagne überhaupt. Entworfen hatte es der Porzellanfabrikant Josiah Wedgwood. Die Aktivisten setzten Petitionen auf, angesichts von gerade einmal fünf Prozent Wahlberechtigten damals das gängige Mittel, um die Politiker auf den Willen derjenigen Mehrheit der Untertanen aufmerksam zu machen, die nicht an die Urnen gehen durften. Mehrere Male überreichten sie den Parlamentariern Listen mit zehntausenden Unterschriften. Die Zustimmung in der Bevölkerung für ihr Anliegen nahm im Laufe der Zeit immer mehr zu. Rückhalt fand die Bewegung auch zunehmend bei Fabrik- und Bergarbeitern, die meist selbst unter erbärmlichen Bedingungen lebten und arbeiteten. Trotzdem solidarisierten sie sich mit den Sklaven. Erstmals empörte sich eine große Zahl von Menschen über die eingeschränkten Rechte anderer, und sie waren bereit, eigene wirtschaftliche Vorteile hintenanzustellen, um die Lage für andere zu verbessern.

Die Abolitionisten spielten auf der bekannten Klaviatur des politischen Protests. Als sie sahen, dass es nicht ausreichte, setzten sie auf ein neues Instrument: Sie riefen die Bürger zum Boykott von Zucker auf, der von Sklaven geerntet wurde. Sie wollten die Profiteure des Sklavenhandels, also die wirtschaftliche und politische Elite, durch wirtschaftlichen Druck zum Einlenken bewegen.

Zucker, das war kein beliebiges Produkt, Zucker war das wichtigste Importgut Englands. Mitte des 18. Jahrhunderts führte die Insel jährlich rund 100 000 Fass Zucker ein, die jeweils rund 283 Liter fassten. Die Westindischen Inseln mit ihren Zuckerplantagen galten als die Hauptquelle des Wohlstands des Königreichs schlechthin.

Um den Konsumenten ihre Mitverantwortung für das Elend der Sklaven zu verdeutlichen und sie zum Mitmachen zu bewegen, griffen die Abolitionisten zu propagandistischen Formulierungen: der Sklavenhandel »ist eine Kette des Elends, jedes Glied ist befleckt mit Blut! Und alle handeln gleich verbrecherisch: der afrikanische Händler – der Sklavenhalter auf den Westindischen Inseln – und der britische Konsument!«, hieß es in einem typischen Boykottaufruf.

Clarkson, der damals im Kampf für sein Anliegen kreuz und quer durch das Land reiste, beschreibt die Resonanz auf die ersten Boykottaufrufe: »Keine Stadt, durch die ich reise, in der nicht irgendjemand den Gebrauch von Zucker eingestellt hatte. In den kleineren Städten waren es zwischen zehn und fünfzig (…) und in den größeren zwischen zwei- und fünfhundert. (…) Sie kamen aus allen Rängen und Parteien. Reiche und Arme, Vertreter der Staatskirche wie der Freikirchen.« Er spricht von über 300 000 Menschen, die sich an dem Boykott beteiligten. Der Historiker Seymour Drescher berechnete später sogar eine Zahl von 400 000 Aktiven.

»Warum überhaupt das Parlament bitten für uns zu tun, was (…) wir schneller und effizienter selbst für uns tun können?«, fragte die Quäkerin Elisabeth Heyrik, eine ehemalige Lehrerin, die sich ganz dem Boykott widmete. Sie suchte in ihrem Heimatort Lancaster jeden Lebensmittelhändler persönlich auf und warb für den Boykott. Sie gründete eine lokale

Frauenvereinigung und ermunterte andere Frauen in ihren Orten, es ihr gleichzutun. Siebzig Gesellschaften entstanden binnen kurzer Zeit. Einige Händler strichen Rohrzucker aufgrund der Proteste sogar aus ihrem Angebot. Manch einer sah angesichts des neuen gesellschaftlichen Trends eine Chance für Geschäfte, warb mit Slogans, die denen für heutige Fair-Trade-Produkte gleichen: »*Benjamin Travers*, Zucker-Raffineur, gibt dem Publikum bekannt, dass er jetzt eine Auswahl von Hut- und Würfelzucker sowie Puderzucker und Sirup zum Verkauf bereit hat (…), hergestellt durch die Arbeit von freien Männern.«

Die Aktivisten erweiterten den Boykott und mieden Bäcker, die Zucker für Kuchen und Brote verarbeiteten. Sie praktizierten, was Wissenschaftler heute als einen Sekundärboykott bezeichnen: Konsumenten meiden Unternehmen oder Waren, um indirekt jemanden anderen unter Druck zu setzen, ob ein Unternehmen oder Staaten.

Viele Engländer unterstützten den Boykott aus innerer Überzeugung – quer durch alle Schichten. Bei einigen spielten auch wirtschaftliche Motive eine Rolle, denn sie hofften, bei einem Wegfall der Sklaverei in den Kolonien könnte die Produktion heimischer Waren konkurrenzfähiger werden. Auf dem Höhepunkt des Käuferstreiks brach der Zuckerabsatz in England um mehr als ein Drittel ein. Die englischen Verbraucher konnten die westindischen Produzenten und Händler von Zucker allerdings nur für kurze Zeit unter Druck setzen, dann wendete sich die Geschichte gegen sie. Die Zuckerfabrikanten fanden schnell neue Abnehmer für ihre Waren auf dem Kontinent.

Allerdings lösten die Käufer mit ihrem Streik eine breite Debatte über das Für und Wider der Sklaverei in Großbritannien aus. Diese Diskussion konnten die Befürworter der Sklaverei nicht mehr ersticken. Dabei malten sie ein düsteres Bild für den Fall, dass die Sklaverei abgeschafft würde: Sie sprachen vom Abbau von Arbeitsplätzen in den Werften und Fabriken, vom Elend der dort Beschäftigten. Sollten die englischen Arbeiter mit ihren Familien ihr Auskommen verlieren, nur weil sich einige am Sklavenhandel störten, fragten sie und behaupteten gar, dass »Zucker (…) kein Luxus (ist), sondern (…) ein Lebensbedürfnis; (…) viele Menschen haben ihrer Konstitution große Unbill angetan, indem sie sich völlig enthielten.« Solche Argumentationsmuster kennen wir auch heute.

Die Sklavenlobby konnte immer weniger Bürger von ihrer Sichtweise überzeugen – das politische Klima änderte sich. Schließlich handelte die Regierung: »Wie, meine Abgeordneten, soll diese Ungeheuerlichkeit jemals ausgerottet werden, wenn alle Nationen umsichtig zuwarten, bis ein einvernehmliches Mitwirken der ganzen Welt erreicht ist? (…) Kein zweites Land in Europa hat sich in dieser Sache einerseits so tief schuldig gemacht, kein zweites dürfe andererseits so gewiss sein, als Vorbild betrachtet zu werden«, erklärte Regierungschef William Pitt und plädierte 1792 für ein Ende des Sklavenhandels, notfalls im Alleingang Englands. Die Mehrheit der Parlamentarier befürwortete die Abschaffung des Sklavenhandels, verschob aber die Umsetzung. Das englische Unterhaus verbot erst 1807 den Sklavenhandel auf Schiffen unter britischer Flagge. Endgültig abgeschafft wurde die Sklaverei im Empire

1833. Jetzt mussten alle Sklaven freigelassen werden – eine epochale Entscheidung.

Mister Boykott: Der unfreiwillige Namensgeber

Die besondere Bedeutung der Bewegung der Abolitionisten für den politischen Konsum – diesseits und jenseits des Atlantiks – liegt darin, dass ihre Anhänger erstmals Solidarität mit anderen Menschen über eine größere Entfernung praktizierten. Sie verzichteten auf eigene Annehmlichkeiten, um gerechtere Lebensbedingungen für fremde Menschen zu erreichen. Der Boykott erwies sich als wirksames Instrument, vor allem, weil er die öffentliche Auseinandersetzung beflügelt hatte. Den Namen »Boykott« erhielten solche Aktionen erst einige Jahrzehnte später.

Mitte des 19. Jahrhunderts regierte eine Clique desinteressierter Adliger die englische Kolonie Irland, darunter der dritte Earl of Erne, dem ein Gut in der Grafschaft Mayo gehörte. Als Verwalter arbeitete dort der Ex-Major Charles Cunningham Boycott. Die irischen Landpächter mussten hohe Abgaben zahlen; sie lebten selbst in guten Erntejahren kärglich. Missernten hatten katastrophale Folgen: Bei der großen Hungersnot der 1840er Jahre starb jeder zehnte Bewohner auf der Insel und jeder fünfte wanderte aus.

1879 kam es erneut zu einer Missernte, sie weckte bei vielen die Erinnerung an die große Hungersnot. Die Pächter, mittlerweile in Landligen organisiert, verlangten einen Nachlass der Pacht, um eine erneute Hungersnot abzuwenden. Einige Gutsverwalter willigten ein, Boycott lehnte es ab. Die Landliga forderte daraufhin alle Leute auf, ihre wirtschaftlichen und gesellschaftlichen Beziehungen mit dem Gut einzustellen. Mit großem Erfolg: Alle Arbeiter kündigten geschlossen; die Händler in der Gegend verkauften Boycott keine Waren mehr; die Mitarbeiter der Eisenbahn verweigerten den Transport des Viehs. Der Gutsverwalter holte Arbeitslose aus anderen Provinzen und heuerte zu ihrem Schutz Soldaten an, um wenigstens einen Teil der Ernte einbringen zu können. Doch die Kosten überstiegen die Erträge, er gab auf und ging zurück nach England. Weil er sich in einem Leserbrief an die *Times* bitterlich über das Unrecht beschwerte, welches ihm aus seiner Sicht widerfahren sei, sorgte er selbst dafür, dass sich die Nachricht von der erfolgreichen Aktion der ausgebeuteten Pächter verbreitete. Sein Name ging in viele Sprachen ein.

Bis heute verstehen wir unter einem Boykott einen privat organisierten freiwilligen Verzicht von Käufern, der sich gegen Unternehmen oder Staaten richtet. Abgegrenzt wird der Boykott vom Embargo, bei dem Staaten politische und wirtschaftliche Beziehungen zu einem anderen Staat ganz oder teilweise abbrechen, um ein Ziel zu erreichen. So gibt es ein Teilembargo westlicher Staaten gegen den Iran, um das Land zu einer anderen Atompolitik zu zwingen. Im Gegensatz zum privaten Boykott sind staatliche Embargos verbindlich statt freiwillig und es gibt Kontrollen und Strafen bei der Nichtbefolgung.

Busse boykottieren: Bürgerrechte erlaufen

Der Boykott hat sich vor allem als Druckmittel sozial schwächerer Gesellschaftsgruppen bewährt, zum Beispiel beim

Kampf der Bürgerrechtsbewegung in den USA. Vom »Tool of the new Negromilitancy«, sprach Clayton Powell, ein führender afroamerikanischer Politiker. Die Aktivisten riefen regelmäßig zu Boykotten auf. Kinos wurden gemieden, die den rassistischen Film »Song of the South« zeigten, Waren aus dem Bundesstaat Mississippi, nachdem der afroamerikanische Teenager Emmett Till von einem weißen Lebensmittelhändler und dessen Halbbruder erschossen worden war, oder auch ein Bowling-Turnier in Atlantic City, von dem Schwarze ausgeschlossen waren.

Noch in den Fünfzigerjahren lebten Schwarze in den USA gezwungenermaßen im Alltag oftmals getrennt von Weißen, ob in Bussen, Schwimmbädern, Universitäten, Schulen, Kinos oder Bars. Kein weißer Politiker war gegen die offizielle Doktrin »separate but equal« vorgegangen. Dann nahmen die Schwarzen ihr Schicksal in die eigenen Hände; und es schlossen sich auch viele weiße Aktivisten der Bewegung an.

Die Bürgerrechtler kämpften mit friedlichen Mitteln wie Demonstrationen, Sitzblockaden, Musterprozessen, Bildungsprogrammen und Boykotten für ihre Gleichberechtigung. Vor allem in den Südstaaten Alabama, Georgia, Mississippi und Virginia stießen sie auf erbitterten Widerstand. In den Behörden gaben Rassisten den Ton an. Sie blockten regelmäßig die Versuche der Bürgerrechtler ab, das Wahlrecht der Schwarzen im Süden durchzusetzen oder die Rassentrennung in den öffentlichen Schulen und Verkehrsmitteln aufzuheben. Die Regierungen der Südstaaten sprachen der Bundesregierung in Washington sogar das Recht ab, sich in ihre Angelegenheiten einzumischen. Die Verfechter der Rassentrennung nutzten alle legalen Mittel aus, wendeten aber auch Gewalt und systematischen Terror gegen die Angehörigen der Bürgerrechtsbewegung an. Sie ermordeten sogar Kinder und zündeten Kirchen an.

Der Busboykott in Montgomery im Bundesstaat Alabama markierte den Anfang der modernen Bürgerrechtsbewegung in den USA. An ihm lassen sich gut die Bedingungen studieren, die für das Gelingen eines Verbraucherboykotts gelten.

Rosa Parks war als junge Frau in die Nationale Vereinigung für die Förderung Farbiger eingetreten und hatte bei einem Sommercamp von einem Gandhi-Schüler Techniken des passiven Widerstands gelernt. Später arbeitete Parks als Schneiderin in einem Kaufhaus in der Innenstadt von Montgomery. Am 1. Dezember 1955 stieg die 42-Jährige wie gewöhnlich nach Feierabend an der Haltestelle in den gelb-grünen städtischen Bus, Linie Cleveland Avenue. Sie warf eine Zehn-Cent-Münze in den Automaten und setzte sich auf einen freien Platz in der Mitte des Busses, unmittelbar hinter dem Schild »Colored«, für Schwarze. Nach und nach füllte sich bei den nächsten Stopps der vordere, für die Weißen reservierte Teil des Busses. Als weitere Personen zustiegen, blieb ein Weißer ohne Sitzplatz übrig. Der Fahrer forderte – kraft geltender Rassengesetze – Parks und ihre drei schwarzen Sitznachbarn auf, ihre Reihe freizumachen. Ihre Nachbarn gehorchten, so wie Parks sonst auch immer – dieses Mal blieb sie sitzen.

»Wir hatten schon zu lange nachgegeben. Je mehr wir uns dieser Behandlung beugten, desto schlimmer wurde es«, schrieb sie rückblickend in ihrer Autobiografie *My Story*. Der Fahrer rief die Polizei, die Parks verhaftete. Die Nachricht verbreitete sich wie ein Lauffeuer unter den Schwarzen in der Stadt. Gleich nach Parks' Verhaftung organisierte Jo Ann Robinson von der örtlichen *Women's Political League* einen Boykott des Busunternehmens, den sie bereits zuvor angedroht hatte. Die Aktivisten planten einen eintägigen Protest, für den Tag, an dem Parks verurteilt werden sollte. Schwarze Pastoren, darunter der spätere Friedensnobelpreisträger Martin Luther King, ermunterten die Leute weiterzumachen.

»Ihr wisst, meine Freunde, es kommt eine Zeit, da die Menschen es satt haben, dass auf ihnen mit den eisernen Füßen der Unterdrückung herumgetrampelt wird (...) Was wir tun, ist kein Unrecht. Wenn wir Unrecht haben, hat das Oberste Gericht dieser Nation Unrecht. Wenn wir Unrecht haben, hat die Verfassung der Vereinigten Staaten Unrecht. Wenn wir Unrecht haben, hat der allmächtige Gott selbst Unrecht«, sagte King, bald der führende Kopf der Bürgerrechtsbewegung.

Jeden Dienstag und Donnerstag fanden Versammlungen in den Kirchen statt, um die Teilnehmer bei der Stange zu halten. Was als Tagesaktion gedacht war, fand seine Fortsetzung, in dem kalten Winter genauso wie in dem darauffolgenden heißen Sommer. 381 Tage boykottierten die Schwarzen die städtischen Busse. Sie kannten sich gut untereinander, es gab eine hohe soziale Kontrolle. Wäre jemand Bus gefahren, wäre das mit großer Wahrscheinlichkeit bekannt geworden und er hätte als Verräter an der eigenen Sache dagestanden. Solche Gruppenkonstellationen ermöglichen es Leuten, eine große Durchschlagskraft bei Aktionen zu entwickeln, worauf der Soziologe Georg Simmel aufmerksam macht:»In kleinen zentripetal organisierten Gruppen werden im allgemeinen alle Kräfte aufgeboten und genutzt, während in großen Gruppen Energie oft ungenutzt bleibt.«

Erfolgreich kann ein Konsumentenboykott nur sein, wenn Menschen ihn in einem maßgeblichen Umfang befolgen können. Der Boykott einer Fluggesellschaft wäre in Montgomery verpufft, weil damals überhaupt nur wenige Schwarze flogen. Ganz anders war es bei einer Busgesellschaft, wo Schwarze den größten Teil der Fahrgäste stellten. In Montgomery fuhren sie an einem gewöhnlichen Tag 30 000 bis 40 000 Mal Bus. Indem sie die lokale Busgesellschaft boykottierten, konnten sie wirtschaftlichen Druck auf sie und damit auch auf die lokale Regierung ausüben, die ausschließlich aus Weißen bestand.

Die Aktivisten organisierten Fahrgemeinschaften und trotzten den Schikanen der Polizei, die sogar von der Stadtverwaltung aufgefordert wurde, Fahrgemeinschaften wegen Nichtigkeiten Strafzettel auszustellen. Weiße warfen sogar Geld in die Kasse am Einstieg der Busse, obwohl sie gar nicht mitfahren wollten. Es war ein hilfloser Versuch, die ökonomische Wirksamkeit des Boykotts zu untergraben: Als Konsumenten konnten die schwarzen Aktivisten Druck machen, wo ihnen als Bürger gesellschaftliche Teilhabe vorenthalten wurde: Täglich gingen der Stadtkasse 7000 Dollar verloren. Über den Boykott wurde weltweit berichtet, womit die Bürgerrechtler wirksam auf ihr Anliegen aufmerksam machten: Gleichberechtigung der Schwarzen.

Die Stadtverwaltung rang sich nach einigen Monaten zu Gesprächen mit den Aktivisten durch. Bevor es zu Ergebnissen kommen konnte, erklärte am 3. November 1956 der

Oberste Gerichtshof der USA die Rassentrennung in Bussen für verfassungswidrig. Die Schwarzen erhielten freie Platzwahl. Allerdings dauerte es noch acht Jahre, bis die amerikanische Regierung unter Präsident Lyndon B. Johnson auf dem Höhepunkt der Bürgerrechtsbewegung 1964 mit dem *Civil Rights Act* die Rassendiskriminierung in allen öffentlichen Einrichtungen verbot und damit die Schwarzen volle Bürgerrechte erhielten. Erst jetzt wurde das Justizministerium ermächtigt, die Gleichberechtigung vor Ort aktiv umzusetzen.

Hätten sich die Schwarzen gemäß einer einflussreichen wirtschaftswissenschaftlichen Theorie verhalten, wäre der Busboykott im Sande verlaufen. Ökonomen sprechen mit Blick auf rationales Handeln in Entscheidungssituationen vom sogenannten *Gefangenendilemma*. Jeder Schwarze in Montgomery hätte demnach folgendermaßen gedacht: Der Boykott mag sinnvoll sein, um die Rassendiskriminierung zu beenden. Von der Aufhebung der Benachteiligung werde ich aber profitieren, egal ob ich mich beteilige oder nicht. Es reicht also, wenn die anderen aktiv werden und ich weiter Bus fahre. Verhielten sich alle entsprechend, fände ein solcher Boykott allerdings nicht statt. Wie wir wissen, sieht die Wirklichkeit anders aus. Denn Menschen lassen sich eben häufig von moralischen Werten und Überzeugungen leiten und keinesfalls nur von ökonomischen Nutzen-Erwägungen. Dieses Verhalten beobachten Forscher bei Experimenten, zu denen sie Freiwillige einladen und ihnen Aufgaben stellen. In einem Experiment erhält ein Teilnehmer hundert Euro und wird aufgefordert, seinem Mitspieler etwas abzugeben. Sonst darf er selbst ebenfalls kein Geld behalten. Wie viel er abgibt, darauf müssen sich die beiden Teilnehmer einigen. Etwa die Hälfte der Paare teilt bei diesem Experiment die hundert Euro zu gleichen Teilen auf, beide bekommen also jeweils fünfzig Euro. Jeder mit gesundem Menschenverstand dürfte dies für eine gerechte Verteilung halten. Anders der Verfechter des Homo oeconomicus, der sich definitionsgemäß ausschließlich von Erwägungen der wirtschaftlichen Zweckmäßigkeit leiten lässt. Er behält als Geber viel und akzeptiert als Nehmer geringste Beträge, weil selbst diese noch seinen Nutzen erhöhen. In der Realität des Experiments agiert nur jeder vierte Teilnehmer so. Trotzdem dominiert das Menschenbild des Homo oeconomicus bis heute die ökonomische Theorie und damit die Disziplin, die mit ihren Ratschlägen heute maßgeblich die Politik beeinflusst.

Heutzutage stehen seltener lokale oder nationale Regierungen als vielmehr Unternehmen im Fokus von Verbraucherboykotten. Meistens rufen NGOs dazu auf, die heute eine wichtige Autorität für Menschen sind. So bauen 72 Prozent der Deutschen laut *Otto*-Trendstudie auf Organisationen wie *Greenpeace, Amnesty International, Ärzte ohne Grenzen* oder *Foodwatch*, wenn es um gesellschaftlichen Fortschritt geht. Das Vertrauen in die NGOs steigt, das in Wirtschaftsführer und Politiker schrumpft.

Steile Karriere: Der Käuferstreik

Die öffentliche Einschätzung über die Wirksamkeit und Legitimität von Verbraucherboykotten schwankt enorm. Von einer entstehenden Massenbewegung sprach die *New York Times* 1973. Vier Jahre später diagnostizierte das *Time Magazine* schon wieder das Ende der Verbraucherbewegung. Das *Wall Street Journal* erklärte 1990 wiederum zum »Jahr des Boykotts«. Damals liefen parallel einige hunderte Boykotte in den USA und es waren mittlerweile sogar Extra-Magazine wie die *National Boycott News* für besonders Engagierte entstanden.

Höchste Gerichte haben denjenigen, die mittels Boykott ihren politischen Willen zum Ausdruck bringen, den Rücken gestärkt. Das Bundesverfassungsgericht entschied beispielsweise 1958 im berühmten Lüth-Prozess: Ein öffentlicher Boykottaufruf könne zulässig sein, wenn jemand aus ethischen Motiven gegen den Verkauf einer Ware oder deren Konsum kämpft, selbst wenn jemand anders durch die Aktion wirtschaftlich geschädigt werde und beispielsweise Arbeitsplätze verloren gehen. In einer demokratischen Gesellschaft sei das Grundrecht auf freie Meinungsäußerung »schlechthin konstituierend, denn es ermöglicht erst die ständige geistige Auseinandersetzung, den Kampf der Meinungen, der ihr Lebenselement ist«. Allerdings gibt es keinen Freifahrschein für Boykotte, denn es gilt der Grundsatz der Verhältnismäßigkeit.

Die Konsumgesellschaft hat Bürgern immer mehr Möglichkeiten eröffnet, ihr Votum als Verbraucher abzugeben. Nach Ansicht des Historikers Paul Nolte entstand ein neuer Typus des Konsumbürgers, »der durch private ökonomische Entscheidungen politische Präferenzen zum Ausdruck bringt und politische Entscheidungen steuert bis hin zu Konsumboykotten gegen einzelne Länder, politische Regime oder Unternehmen.« Die Konsumbürger engagieren sich vor allem jenseits der klassischen politischen Arenen. Sie kaufen gezielt ein, protestieren oder schließen sich NGOs an. Für Nolte sind Konsumbürger in der partizipatorischen Demokratie mehr als nur »irgendwelche Akteure«. Es kommt auch zu übergreifenden Aktionen, an denen sich Regierungen und Bürger aus diversen Ländern beteiligen und bei denen es zu gegenseitig verstärkenden Wirkungen kommt. Ein herausragendes Beispiel in der jüngeren Geschichte ist der Protest gegen die Politik der Apartheid in Südafrika.

Die indische Regierung hatte 1946, kurz nach der Unabhängigkeit des eigenen Landes, gegen das weiße Minderheitenregime in Südafrika ein Handelsembargo verhängt, andere Entwicklungsländer folgten. Auch diverse Erdöl fördernde Staaten lieferten kein Benzin mehr an das Kap. Die westlichen Industrieländer beteiligten sich dagegen nicht an dem Embargo. Lange Zeit distanzierten sie sich lediglich rhetorisch vom Apartheidregime. Gerade Unternehmen und Banken aus der Bundesrepublik Deutschland forcierten das Geschäft mit Südafrika noch, als andere Länder auf die Bremse traten.

Anders als heute die Textilarbeiterinnen in Bangladesch forderten die südafrikanischen Freiheitskämpfer damals selbst Sanktionen gegen ihr Land. »Ich empfinde es als ziemlich schädlich, dass Dänemark südafrikanische Kohle kauft und seine Abhängigkeit von Südafrika erhöht, während man eigentlich hoffen würde, dass wir Südafrika in eine schwächere Verhandlungsposition bringen, damit so schnell wie möglich ein Wandel eintritt«, begründete dies beispielsweise der südafrikanische Bischof Desmond Tutu, einer der wichtigsten Verfechter für schwarze Gleichberechtigung in seiner Heimat, bei einem Besuch in Dänemark.

Anders als ihre Regierungen boykottierten Verbraucher gezielt Waren aus Südafrika. In Deutschland initiierten evangelische Frauengruppen inden Siebzigerjahren einen Früchteboykott, aus Protest gegen das Verbot der schwarzen Hausangestellten-Gewerkschaft in Südafrika. »Kauft keine Früchte der Apartheid«, forderten sie Verbraucher auf Wochenmärkten auf. Boykottiert wurden auch der Kauf der Goldmünze Krügerrand, einer der Exportschlager Südafrikas, und Banken, die südafrikanische Staatsanleihen in Umlauf brachten.

Auf Druck der kirchlichen Laienorganisationen kündigte das Präsidium des Evangelischen Kirchentages seine Konten bei der *Deutschen Bank*, der *Dresdner Bank* und der *Commerzbank*. Erst die Boykottaktionen lenkten den Blick vieler Leute in den westlichen Industrieländern auf die Not der diskriminierten schwarzen Bevölkerungsmehrheit in Südafrika.

Es gab auch unzählige kleinere Kampagnen, wie zum Beispiel die von Umweltschützern, die von den Kleingärtnern einen Verzicht von Torf forderten, um die letzten Hochmoore in Deutschland zu erhalten. Andere verlangten von Konsumenten den Verzicht auf die damals populäre Schildkrötensuppe, um die Meeresreptilien vor dem Aussterben zu bewahren. Schon wenig später produzierte die Firma *Lacroix* letztmals in ihrem Frankfurter Werk diese Suppenvariante. Aus Angst vor einem Verbraucherboykott strichen reihenweise Optiker gleich vorsichtshalber freiwillig Brillenfassungen aus Schildpatt aus dem Angebot. Als Flops erwiesen sich dagegen Aufrufe an die Deutschen, auf den Urlaub in Italien zu verzichten, weil dort Singvögel geschossen wurden, oder nicht nach Spanien zu fahren, weil dort die Tötung von Tieren beim Stierkampf als Spektakel vermarktet wurde.

Ob jemand tatsächlich einem Boykottaufruf folgt, hängt vor allem von seiner inneren Überzeugung ab. Eine Rolle spielt aber auch, wie jemand dessen Erfolgsaussichten beurteilt und wie viel Beifall ein Boykott in der Öffentlichkeit findet. Es ist die typische sich selbst verstärkende Wirkung erfolgreicher Aktionen.

Immer wieder beschließen Verbraucher für sich allein einen Boykott einer bestimmten Firma oder eines Produkts, ohne dass es dazu einen formalen Aufruf gibt. Man spricht von stillen Boykotten. Wenn viele den gleichen Impuls haben, erreichen stille Boykotte eine große Wirkung wie der 2006 gegen den Haushaltsgerätehersteller *AEG*. Zuvor hatte der schwedische Mutterkonzern *Elektrolux* angekündigt: Das Nürnberger *AEG*-Werk werde geschlossen und nach Osteuropa verlagert. Scharenweise entschieden Verbraucher sich gegen *AEG* und für *Miele*, weil der Hersteller weiter in Deutschland fertigt.

Regelmäßig folgten Menschen Aufrufen zu Boykotten, mit denen offensichtlich fragwürdige Anliegen durchgesetzt oder die Rechte Dritter eklatant verletzt werden. Am 1. April 1933 boykottierten viele Leute in Deutschland jüdische Geschäftsleute, Ärzte und Rechtsanwälte. Aufgerufen hatten die Nationalsozialisten dazu in der gleichgeschalteten Presse. Solche zweifelhaften Boykottaufrufe gibt es auch in unseren

Tagen. Am 30. September 2005 veröffentlichte die *Jyllands-Posten*, die größte dänische Tageszeitung des Landes, zwölf Mohammed-Karikaturen. Es kam zu Protesten, vor allem in islamisch geprägten Ländern, bei denen mehr als hundert Menschen starben. Die Leute wurden auch durch gezielte Desinformation von Islamisten aufgehetzt. Hier kam es auch zu einem vorauseilenden Verhalten von Konzernen, die den antidemokratischen Boykott durch ihr eigenes Verhalten stützten.

Der *Carrefour*-Einkaufsmarkt in Kairo hängte ein Schild an die Eingangstür und wies seine »lieben Kunden« darauf hin, dass *Carrefour* seine »Solidarität mit der ägyptischen und islamischen Gemeinschaft« ausdrücken wolle und daher keine Produkte aus Dänemark mehr verkaufe. Als die Aktion Wellen schlug, versuchte der französische Konzern die Verantwortung abzuwälzen: Man halte an der ägyptischen Firma gleichen Namens nur eine Minderheitsbeteiligung, das unternehmerische Sagen habe eine Partnerfirma. *Carrefour* war damals kein Einzelfall. Der Schweizer Nahrungsmittelkonzern *Nestlé* informierte seine Kunden in Saudi-Arabien per Zeitungsannonce darüber, dass sein Milchpulver nicht von dänischen Kühen stamme.

Wiederholt haben Verbraucher – überzeugt das Richtige zu tun – allerdings auch Unschuldige boykottiert. Das hatte unterschiedliche Ursachen: Im Falle des Bierbrauers *Warsteiner* z. B. saßen sie einem Irrtum auf. Es kursierte die Nachricht, dass der Chef der Brauerei Mitglied bei Scientology sei. Viele Verbraucher griffen daraufhin zu einem anderen Bier. Dabei entbehrte die Nachricht jeder Grundlage. Trotzdem brach der

Umsatz ein. Das mittelständische Unternehmen wehrte sich mit einer teuren Kampagne gegen den Rufmord.

Selbst wenn Aktivisten aus ehrenwerten Motiven zu einem Boykott aufrufen und prinzipiell auch die richtige Branche herausgreifen, trifft es irrtümlicherweise auch schon einmal den Falschen. Offensichtlich war dies bei dem Boykott von russischem Wodka, zu dem Aktivisten 2013 aufgrund der neuen diskriminierenden Gesetze gegen Homosexuelle in Russland aufriefen. In dem Fall traf der Käuferstreik vor allem eine niederländische Firma, die den Wodka *Stolichnaya* produziert. Welcher Käufer konnte schon wissen, dass dieses russische Nationalgetränk von Ausländern produziert wird, die schon vor Jahren die Markenrechte erworben hatten. Solche Irrtümer sind in der verzweigten Wirtschaft von heute vorprogrammiert.

Manchmal ist es für den Verbraucher auch schwierig zu entscheiden, welche Reaktion angebracht ist. Das zeigt der Fall der britischen Marke *Lonsdale*. Zu deren ersten Werbeträgern gehörte u.a. die Boxikone Muhammad Ali, der sich auch in der amerikanischen Bürgerrechtsbewegung für die Rechte der Schwarzen stark gemacht hatte. Zwanzig Jahre später entschieden sich aufgrund der Buchstabenkombination NSDA im Markennamen jedoch auf einmal viele Neonazis in Deutschland für diese Kleidung. Auf Druck einiger Jusos, der Nachwuchsorganisation der SPD, nahm der Versandhauskonzern *Quelle* die Ware deswegen aus dem Sortiment, wogegen nun ihrerseits andere linke Gruppierungen protestierten, mit Verweis auf die Historie des Unternehmens und seine Rolle für alternative und Arbeitermilieus. Der Importeur für Deutschland, die Neusser Firma *Punch*, versuchte das Image der Marke zu retten, indem er eine dunkelhäutige Fußballmannschaft und Musikfestivals gegen Rechts sponsorte. Es nutzte alles nichts, die Verkaufszahlen sanken trotzdem.

Zweifelsohne nimmt heute die Macht von Otto Moralverbraucher dank des Internets grundsätzlich zu. Jeder Interessierte bekommt heute mehr und einfacher Informationen darüber, unter welchen Bedingungen Firmen produzieren. Dank des Netzes können Verbraucher ihren Protest auch leicht weltweit ausdehnen, indem sie andere über Missstände aufklären oder Firmen an den Online-Pranger stellen, Produkte und Dienstleistungen bewerten oder Kampagnen starten. Allerdings sind die Firmen alles andere als wehrlos und schauen kaum tatenlos bei Aktionen zu, die sich auf den Gewinn oder das Image der Firma negativ auswirken könnten. Sie schalten auf Krisenprävention spezialisierte PR-Agenturen oder Juristen ein. Diese Erfahrung machten Aktivisten bei ihrem Boykott gegen *Nestlé* wegen denen umstrittener Verkaufsmethoden für Milchpulver in Entwicklungsländern.

Der Dauerbrenner: NGOs gegen Nestlé

Thomas Koch zieht einen kleinen Zettel aus seinem Portemonnaie. Auf seiner »Keinkaufliste« sind mehr als 150 Marken des Nahrungsmittelkonzerns *Nestlé* aufgeführt: Babynahrung wie *Alete*, Fertigprodukte wie *Maggi*, *Wagner-Pizza* oder *Thomy*, Wasser wie *Vittel*, *Perrier* oder *San Pellegrino*, Kosmetika wie *Biotherm*, *L'Oreal* und *Body Shop*, Molkereiprodukte wie *Mövenpick*, *Allgäuer Alpenmilch* und *Häägen Dazs*, Süßwaren wie *After Eight* oder *Smarties*, Tiernahrung wie *Friskies* oder *Felix*. Der Allgemeinmediziner boykottiert den Konzern fast ununterbrochen seit mehr als 35 Jahren. Er beteiligt sich an einer Aktion gegen *Nestlé*, die in den Siebzigerjahren begann. Es ist eine der ersten globalen Boykottaktionen. Stein des Anstoßes waren Verkaufsmethoden des Konzerns bei künstlicher Babynahrung in Entwicklungsländern und deren Folgeerscheinungen.

Der 57-jährige Koch ist Gründer und ehrenamtlicher Vorstand der Aktionsgruppe »Babynahrung«. In einem engen Ladenlokal in der Göttinger Innenstadt ist das Vereinsbüro untergebracht. Hier kann man eine kleine Zeitreise machen; die Regale sind zugepflastert mit Aktenordnern, deren Rücken von der jahrzehntelangen Korrespondenz mit anderen Gruppen zeugen, ob in Malaysia, den USA oder England. Und dann liegt da der Flyer auf dem Besprechungstisch mit der Überschrift »Boykottiert Nestlé«. Abgebildet ist eine junge Frau mit Zwillingen, einer der beiden Säuglinge sieht gesund, der andere schwächlich aus. »Von diesen Zwillingen wurde der Junge gestillt und das Mädchen mit der Flasche gefüttert«, steht unter dem Bild, und die Mutter wird mit den Worten zitiert: »Verwende mein Foto, wenn es denn hilft (…) Ich will nicht, dass andere Leute den gleichen Fehler machen.«

Mit Milchpulver ist *Nestlé* groß geworden. Heute gehört die Firma gemessen am Börsenwert zu den 20 wertvollsten Konzernen der Welt. Anfang der Siebzigerjahre waren die traditionellen Märkte für Babynahrung in den westlichen Industrieländern gesättigt. Die Firmen fanden neue Absatzmärkte in den Entwicklungsländern. Frauen gebaren hier meist mehrere Kinder und stillten sie. Das war einfach, denn sie arbeiteten fast alle im Haus oder auf dem Feld und konnten deswegen ihre Neugeborenen stets in einem Tuch bei sich tragen oder in Rufweite ablegen. Vor allem kostete das Stillen die Frauen keinen Cent.

Eine Mutter will, dass es ihrem Baby gut geht. Weil damals viele Säuglinge in den Entwicklungsländern starben, waren Mütter neugierig, als sie von anderen Möglichkeiten der Ernährung hörten. Die Konzerne heuerten Vertriebsmitarbeiterinnen an und schickten sie in die Entbindungsstationen von Krankenhäusern. Sie verteilten dort Geschenkproben. Auf deren Ratschläge hörten viele Frauen, zumal viele die Vertreterinnen in ihren weißen Kitteln mit Krankenschwestern verwechselten. Immer mehr Frauen fütterten ihre Säuglinge nun mit künstlicher Nahrung. Kaum jemand machte sie darauf aufmerksam, dass ihre Muttermilch nach einiger Zeit versiegt, wenn sie ihrem Kind nicht mehr die Brust geben. Wenn dies geschah, blieb ihnen nichts anderes übrig, als weiterhin die künstliche Nahrung zu füttern. Das konnten sich viele nicht leisten. Sie verdünnten deswegen das Milchpulver stärker als vorgeschrieben, was zu einer Unterernährung ihrer Kinder führte. Außerdem gab es oft nur mit Keimen, Viren oder Parasiten verschmutztes Wasser. Wer damit die Kunstnahrung anrührte, produzierte bisweilen einen tödlichen Cocktail.

Das Kinderhilfswerk der Vereinten Nationen (UNICEF) sprach später von mindestens einer Million Kinder in Entwicklungsländern, die wegen falscher und unzureichender Ernährung mit Muttermilchersatz starben. Von den gefährlichen Nebenwirkungen der Flaschenmilch erfuhr die breite Öffentlichkeit im Jahr 1974, denn da publizierte die britische Hilfsorganisation *War on Want* die Studie *The Baby Killer*. Die Arbeitsgruppe *3. Welt Bern*, eine linke Studentenorganisation, übersetzte den Text ins Deutsche. Die Aktivisten überschrieben die Broschüre mit dem zugespitzten Titel: »Nestlé tötet Babys«.

»Die Skandale wurden erfunden«, behauptete *Nestlé*-Chef Pierre Liotard-Vogt damals vor Aktionären. Vielleicht »haben einige von ihnen (…) von den Angriffen bestimmter Gruppen gehört, deren wissenschaftliche Kenntnisse und Ehrlichkeit in keinem Verhältnis zum Hass stehen, den sie gegen unsere Unternehmen nähren (…) Die Art, wie gewisse Leute durch reine Erfindungen das von anderen Geschaffene verleumden, selbst aber meistens nicht fähig sind, ihre Energie für etwas Konstruktives einzusetzen, scheint mir aber doch sehr aufschlussreich zu sein«, sagte er bei einer Hauptversammlung des Unternehmens.

Das Unternehmen klagte wegen Ehrverletzung – die Sache kam in die Medien. Zwei Jahre dauerte das Verfahren vor einem Schweizer Gericht, dann sprach der Gerichtspräsident Jürg Sollberger sein Urteil: Die Behauptung »*Nestlé* tötet Babys« erfülle den Tatbestand der üblen Nachrede. Die dreizehn angeklagten Aktivisten mussten deswegen jeweils eine Buße von 300 Franken zahlen. Aber sie jubelten trotzdem. Denn der Richter bestätigte ihren Kernvorwurf. Deswegen durften die Aktivisten weiter verbreiten, dass *Nestlés* Verkaufsmethoden bei Babynahrung in der Dritten Welt »unethisch und unmoralisch« seien, »den Tod oder bleibende geistige und körperliche Schäden tausender von Kindern« verursachten und Mütter irreführten, indem »als Krankenschwestern getarnte« Verkäuferinnen dem Babymilchgeschäft »einen wissenschaftlichen

Anstrich« geben. Der Richter ermahnte den Konzern, seine Marketingpraktiken zu überdenken. Für *Nestlé* war das eine öffentliche Ohrfeige.

Noch während der Prozess lief, begann der Konzern mit Imagepflege. *Nestlé* gründete das *International Council of Infant Food Industries* (ICIFI), gemeinsam mit Wettbewerbern wie *Cow & Gate, Dumex, Meiji, Morinaga, Snow Brand, Wakado* und *Wyeth*. Gemeinsam gab man sich zudem einen Ethikcodex.

Künstliche Babynahrung wurde nun zu einem internationalen Politikum: Weltgesundheitsorganisation (WHO) und UNICEF luden im Jahr 1981 Vertreter aus Politik, Wirtschaft, Wissenschaft und Zivilgesellschaft zu einer Konferenz nach Genf ein. Dort beschloss die Weltgesundheitsversammlung, das höchste Entscheidungsgremium der WHO, den bahnbrechenden Internationalen Kodex für die Vermarktung künstlicher Babynahrung. Er untersagte jede Form offener oder verdeckter Werbung für Milchpulver und die Verteilung kostenloser Proben und Verkaufsprämien oder sonstiger Zuwendungen an das Gesundheitspersonal. Allerdings ist der Kodex nur eine Empfehlung. Umsetzen muss ihn jedes Land einzeln. Schon damals zeigte sich, wie wirkungslos freiwillige Maßnahmen von Unternehmen in der Praxis oft bleiben. Die Konzerne änderten an den Verkaufspraktiken nach Ansicht von Kritikern wenig oder gar nichts.

In den USA rief daraufhin die *Infant Formula Action Coalition* (INFACT), ein Bündnis von Interessengruppen, Verbraucher zu einem Boykott von *Nestlé* auf. Der Konzern reagierte ungehalten. Vertreter warfen den Gegnern bei einer denkwürdigen Anhörung vor der für Gesundheitsfragen zuständigen US-Senatskommission 1978 sogar vor, sie attackierten mit ihrer Aktion die freie Marktwirtschaft. Der demokratische Senator Ted Kennedy, der den Ausschuss leitete, sah das indes ganz anders. Er bezeichnete den Konsumentenboykott als eine »kapitalistische Waffe, die im amerikanischen System durchaus legitim sei« – die nächste Ohrfeige für *Nestlé*.

Der deutsche Aktivist Koch leistete damals bei INFACT seinen Zivildienst ab. Der junge Mann arbeitete als einer von etwa zwanzig hauptamtlichen Mitarbeitern bei der NGO und half beispielsweise bei der Herstellung und Verteilung von Aktionszeitungen. Er warb auch auf der Straße für den Käuferstreik, beispielsweise vor den Restaurants, die *Nestlé* damals in den USA betrieb. »Einige Besucher waren desinteressiert, andere entsetzt und sind sofort umgedreht«, erinnert er sich. Generell sei es schwierig gewesen, die Bevölkerung mit einem solchen Anliegen überhaupt zu erreichen, weil die Medien lange Zeit kaum über den Boykott berichtet hätten, erzählt er. Das Thema ließ Koch nicht los. Als er seinen Ersatzdienst beendet hatte und nach Deutschland zurückgekehrt war, gründete er selbst einen entsprechenden Verein.

Weltweit forderten zwischenzeitlich etwa hundert solcher »Babymilchgruppen« Verbraucher zum Boykott von *Nestlé*-Produkten auf. Das Thema eignete sich gut für die Mobilisierung von Menschen. Erfolgreiche Boykottaktionen gibt es generell vor allem bei solch emotional besetzten Themen wie Gesundheit oder Tierschutz. Das belegt auch ein Blick in die Liste erfolgreicher Boykotte aus den vergangenen 25 Jahren auf der Homepage des Magazins *Ethical Consumer*.

Über die konkreten wirtschaftlichen Auswirkungen der Sanktion gegen *Nestlé* gibt es keine genauen Angaben. Koch spricht von einer Millionensumme, die der Konzern einbüßte. Bei *Nestlé* hieß es im Sommer 2012 auf Anfrage: »Wir können keine quantifizierbaren Angaben zu potenziellen Auswirkungen von Boykottaufrufen machen, die über 30 Jahre zurückliegen.« Die Auskünfte von Unternehmen und Aktivisten zu den Auswirkungen eines Boykotts sind gewöhnlich von Interessen geleitet und deswegen mit Vorsicht zu genießen. Die Aktivisten neigen zu Übertreibungen, die Unternehmen zu Untertreibungen. Letztere haben naturgemäß kein Interesse an der Veröffentlichung von Zahlen, die den Erfolg eines Boykotts belegen könnten. Für ein Unternehmen können Käuferstreiks jedoch eine ziemlich teure Angelegenheit werden: durch direkte Umsatzeinbußen und durch Imagekosten. Günter Bentele, Professor an der Uni Leipzig und spezialisiert auf Public Relations, spricht in der *Frankfurter Rundschau* von enormen Schäden, weil die Unternehmen anschließend viele Jahre lang hohe Summen investieren müssten, um ihre Reputation in Politik und Öffentlichkeit wieder herzustellen.

Offensichtlich ist, dass der langjährige Boykott für das Geschäft von *Nestlé* nicht abträglich war, selbst bei Babynahrung. Sonst hätte der Konzern im Jahr 2012 kaum auch noch für rund zwölf Milliarden Dollar den Bereich Babynahrung des US-Konkurrenten *Pfizer* hinzugekauft. Die Transaktion sei für *Nestlé* »attraktiv«, weil *Pfizer* in Schwellenländern stark präsent sei, also in den Wachstumsmärkten, in denen heute drei Viertel der Kindernahrungsumsätze erzielt werden, schrieb die *Neue Zürcher Zeitung*.

Nestlé hatte im Jahr 1984 schließlich versichert, sich fortan an den Kodex halten zu wollen. Darauf kassierten die Aktivisten ihre Boykottaufrufe ein. Das fiel manchen umso leichter, weil der Rückhalt für den Käuferstreik schwand. »Ein Boykott bringt ja nur etwas, wenn man ihn mit Leben erfüllt, und es begann die Zeit, wo klassische Boykottaktionen nicht mehr en vogue waren«, erzählt Koch. Nur noch wenige Leute wollten sich für dieses Anliegen ehrenamtlich engagieren, die finanzielle Unterstützung vor allem durch kirchliche Organisationen ebbte ab, woraufhin der Verein seine hauptamtlichen Mitarbeiter entlassen musste, was wiederum zu einem deutlichen Rückgang der Aktivitäten führte. Trotzdem beteiligte sich der Verein 1992 an einem erneuten Aufruf in alter Sache gegen *Nestlé*, weil der Konzern sich ihrer Ansicht nach nicht an sein Versprechen hielt.

Immer wieder gibt es Boykottaufrufe gegen *Nestlé* wegen der Babymilchproblematik. In deutschsprachigen Medien findet das Thema aber schon lange kein großes Echo mehr. Die Aktivisten haben immerhin noch kleine Erfolge. So beendete im Jahr 2008 der *Book Trust* in England bei der Verleihung seines Kinderbuchpreises die Zusammenarbeit mit dem Schweizer Konzern. Ein Autor hatte das von *Nestlé* gesponserte Preisgeld abgelehnt, mit Verweis auf die Verkaufspraxis bei Babymilch. Das Problem gibt es bis heute: Laut einem UNICEF-Bericht wurde im Jahr 2007 nur jedes fünfte Kind in West- und Zentralafrika ausschließlich gestillt. Das gilt als ein Grund dafür, dass weiterhin viele Kinder in Entwicklungsländern sterben.

Das Unternehmen selbst scheinen die andauernden Boykottaufrufe ziemlich kalt zu lassen. »Was für einen Boykott meinen Sie?«, fragt der Deutschlandsprecher des Konzerns im Juni 2012 bei einem Telefonat. Ihm sei kein aktueller bekannt. Bei der Hauptversammlung 2012 kritisierte Mike Brady, Kampagnenleiter der britischen Gruppe *Baby Milk Action*, erneut das Verhalten des Konzerns. Der Verwaltungsratspräsident Peter Brabeck-Letmathe antwortete, es sei nicht die Sache von *Baby Milk Action* der Firma zu sagen, was sie zu tun habe. Diese jahrzehntelange David-gegen-Goliath-Geschichte zeigt, wie sehr sich ein Konsumentenboykott mit der Zeit abnutzen kann.

Die Marke: Achillesferse mächtiger Konzerne

Der Markenwert beeinflusst direkt und indirekt den Wert eines Unternehmens: Direkt, weil er den Aktienkurs einer Firma beeinflusst. Indirekt, weil er eine große Rolle bei der Kaufentscheidung von Kunden spielt. »Kunden kaufen keine Produkte und Services, sie entscheiden sich für Marken«, sagt Franz-Rudolf Esch, Marketingprofessor an der *EBS Business School*, dem *Handelsblatt*. Deswegen investieren Firmen eine Menge Geld in die Pflege und den Ausbau ihrer Marke. Allerdings ist der Wert einer Marke immateriell, ganz anders als die Produktionsanlagen eines Unternehmens. Entsprechend schnell kann sich der Wert einer Marke verflüchtigen. Das kann zum Beispiel geschehen, weil die Produkte als altbacken gelten oder weil bekannt wird, dass eine Firma die Umwelt verschmutzt oder mit Kinderarbeit Geld verdient. Die Fallhöhe kann man an dem Ranking des amerikanischen Beratungsunternehmens *Interbrand* ablesen, das seit 2001 alljährlich eine Liste der hundert wertvollsten Marken zusammenstellt. Dafür nutzen die Berater ausschließlich öffentlich zugängliche Finanzdaten.

Erstmals schaffte 2013 der Computerkonzern *Apple* den Sprung an die Spitze, mit einem Markenwert von 98,3 Milliarden Dollar. Auf den nächsten Plätzen folgten der Suchmaschinenbetreiber *Google*, der Getränkekonzern *Coca Cola* und die Computerkonzerne *IBM* und *Microsoft*. Die wertvollsten europäischen Marken sind demnach die beiden Automobilhersteller *Mercedes-Benz* und *BMW*, der französische Luxushersteller *Louis Vuitton* und der schwedische Modehändler *H&M*.

Der Markenwert ist gewissermaßen die Achillesferse mächtiger Konzerne. Zum Erhalt dieses Wertes ändern sogar Weltkonzerne bisweilen ihr Verhalten, wenn die Verbraucher ordentlich Druck machen. Eindrucksvoll zeigt dies der Boykott gegen den Mineralölkonzern *Shell* Mitte der Neunzigerjahre. Konsumenten schafften es, den damals hinter den beiden Autobauern *General Motors* und *Ford* weltweit drittgrößten Konzern in die Knie zu zwingen.

Das Markenzeichen von *Shell* ist die rot-gelbe Kammmuschel, die der Konzern erstmals auf einer Großtankstelle in Kalifornien im Jahr 1915 montierte. Verbrauchern diente das Logo achtzig Jahre später in Deutschland als Warnsignal. Im Frühling 1995 fuhren sie an den *Shell*-Tankstellen vorbei und steuerten die Konkurrenz an. Es lief der größte Konsumentenboykott der Nachkriegszeit in Deutschland.

Am Anfang stand eine Protestaktion der Umweltschutzorganisation *Greenpeace* gegen die Versenkung der *Brent Spar* in der Nordsee. Zwölf Aktivisten kletterten am 30. April 1995 auf den schwimmenden Öltank. Die Bilder von der spektakulären Besetzung auf offener See gingen um die Welt. Die *Brent Spar* gehörte zu einem Geflecht von 420 feststehenden Bohr- und Verladeplattformen für Tankschiffe vor Schottland. Als die Betriebsgenehmigung ausgelaufen war, wollte der britisch-niederländische Mineralölkonzern das Ungetüm aus 14.500 Tonnen Stahl im Meer versenken, was damals durchaus üblich und von der britischen Regierung bereits genehmigt war.

Umweltschützer waren alarmiert. Sie gingen davon aus, dass die Ölkonzerne planten, weitere Tanks und Plattformen zu versenken, einschließlich giftiger Rückstände wie Blei, hoch toxischem PCB und Öl. Die Nordsee drohe zu einer gigantischen Mülldeponie zu verkommen, begründeten sie ihre Aktion. Die Verantwortlichen bei *Shell* spekulierten darauf, dass die Umweltschützer schnell wieder von der Plattform abziehen würden, wenn sie die Öffentlichkeit auf das Problem aufmerksam gemacht hatten. So war es bei ähnlichen Aktionen abgelaufen – diesmal kam es anders.

Warum dürfte ein Ölkonzern seine Abfälle auf offener See versenken, wenn jeder gewöhnliche Autofahrer sein Altöl ordnungsgemäß entsorgen musste, fragten sich Bürger. Zudem sollte die *Brent Spar* nicht irgendwo in Asien, Afrika oder Lateinamerika versenkt werden, sondern im Atlantik – das gefährdete möglicherweise vor der Haustür Nordsee und Wattenmeer. Jeder zweite Autofahrer beteiligte sich an dem Boykott der 1700 *Shell*-Stationen zwischen Flensburg und Rosenheim. Wer mitmachte, hatte obendrein das gute Gefühl, ein bisschen mit den verwegenen Aktivisten im Schlauchboot zu sitzen. Ein solches Wir-Gefühl ist ein wichtiger Erfolgsfaktor für einen erfolgreichen Boykott.

Drei Bedingungen für einen wirksamen Käuferboykott nennt Frank Roselieb, Direktor des Instituts für Krisenforschung der Universität Kiel, in der Wirtschaftszeitung *Handelsblatt*: Es müsse eine effektive Konkurrenz zwischen Anbietern geben, stark austauschbare Produkte und die Möglichkeit, schnell zur Konkurrenz zu wechseln. Damit ist es auch besonders leicht und mit geringen Unannehmlichkeiten verbunden. Alle drei Bedingungen waren in diesem Fall erfüllt. Ein wichtiger Katalysator waren die Medien, selbst der Boulevard empörte sich: »Shells Gift-Insel – Millionen fordern: Kehrt um!« (*Kölner Express*), »Tanken Sie noch bei Shell?« (*Hamburger Morgenpost*) oder »Aufstand gegen Shell« (*Münchener TZ*).

Die Lawine ins Rollen brachte ausgerechnet die *Junge Union*, die Nachwuchsorganisation der CDU. Ihrem Aufruf zum Boykott folgten weitere aus Politik, Kirchen, Verbänden und Zivilgesellschaft. Selbst der damalige konservative Bundeskanzler Helmut Kohl (CDU) verkündete, kein Shell-Benzin mehr tanken zu wollen.

Das Management musste bald Absatzverluste einräumen, nannte aber keine Zahlen. Laut den Pächtern der Tankstellen brach ihr Umsatz um die Hälfte ein – ein gewaltiges Votum der Konsumenten. Trotzdem blieb der Konzern stur. Bald boykottierten auch Autofahrer in den Niederlanden, Skandinavien, Belgien, Österreich und Spanien den Mineralölkonzern – selbst dessen Belegschaft forderte ein Umdenken: Es sei ein Skandal, wenn eine Gesellschaft der *Royal Dutch/Shell* den

Atlantik als Müllkippe und Giftdeponie benutzen wolle, schrieb der Betriebsrat.

Bei dem Boykott habe sich der ganze Frust der Leute über Firmen entladen, die ökologisch daherreden und am Ende doch nur ökonomisch handeln, kommentierte *Greenpeace*-Chef Thilo Bode die breite Resonanz. Tatsächlich hatte *Shell* erst kurz vorher eine 30-Millionen-D-Mark teure Image-Kampagne in Deutschland gestartet, ihr Motto: »Das wollen wir ändern«. Auf diese Weise hatte sich der Ölkonzern vermutlich einen grünen Anstrich geben wollen. Die Umweltschützer hatten den Werbespruch nun als hohle Phrase entlarvt. Außerdem hielt der Konzern eine Studie unter Verschluss, der zufolge die Entsorgungskosten für die *Brent Spar* an Land nur ein Viertel von dem Preis betragen sollte, den *Shell* öffentlich nannte.

Greenpeace bekam die Papiere zugespielt und veröffentlichte sie. Jetzt stand das Unternehmen in der Öffentlichkeit als Lügner da, was viele Verbraucher in ihrem Boykottvorhaben bestärkt haben dürfte. Das Verhalten des Konzerns wurde »zur Chiffre für Profit um jeden Preis« (*Spiegel)* und einem »PR-Albtraum für Shell« (*Financial Times).*

Irgendwann muss den Verantwortlichen des Konzerns klar geworden sein, dass die Einnahmeverluste und der Imageschaden durch die Sanktionen die Ersparnis durch die Verschrottung der Bohranlage auf See übertreffen würden. Außerdem meldeten sich Aktionäre kritisch zu Wort. Sieben Wochen nach der Besetzung der *Brent Spar* gab das Management klein bei. Angesichts des »riesigen Proteststurms« – insbesondere in Deutschland, Dänemark und den Niederlanden – könne

»man nicht zur Tagesordnung übergehen«, hieß es nun in einer Pressemitteilung. *Shell* schleppte die Ölplattform nach Norwegen, wo sie abgewrackt und größtenteils zu Baumaterial für eine Kaianlage in der Hafenstadt Mekjarvik recycelt wurde.

Eine »große gesellschaftliche Tangentiale zwang einen Weltkonzern in die Knie und ließ den Ökounderdog inklusive Millionen Autofahrer triumphieren«, jubelte der *taz*-Journalist Manfred Kriener. Nachhaltig erfolgreich war die Aktion, weil die Politik die Gesetze änderte. Die Regierungen verboten mit dem OSPAR (Oslo-Paris)-Abkommen nämlich den Ölkonzernen, ihre Plattformen oder Tanks im Atlantik zu versenken.

Nach dem Ende des Boykotts befragten Journalisten einige Experten für Public Relation, ob und wie das Unternehmen seinen Imageschaden reparieren könne? Konstantin Jacoby empfahl »Gras über die Sache wachsen zu lassen«. Jung van Matt schlug das Gegenteil vor: »Ich würde an *Shells* Stelle nicht klein beigeben, ich würde groß beigeben«. Er riet zu einer Kampagne unter der Headline: »Wir haben begriffen.« Der Konzern entschied sich für die zweite Variante und warb bald mit dem Slogan »Wir werden uns ändern.« Außerdem nahm er eine Menge Geld in die Hand, um seinen angeschlagenen Ruf zu verbessern. Zehn Jahre später gab sich Deutschland-Chef Kurt Döhmel 2005 geläutert: »Shell war damals ein technokratisches, ein introvertiertes Unternehmen. Wir hatten zwar die Umwelt im Blick, aber viel zu wenig Austausch mit der Außenwelt. Das reichte nicht aus«, sagte er der Wochenzeitung *Die Zeit*. Selbstkritisch sprach der Manager von der Corporate Social Responsibility (CSR) als einem notwendigen

Korrektiv zu der Überbetonung der Aktionärsinteressen, dem sogenannten Shareholder Value. Unter CSR versteht man, dass ein Unternehmen über die gesetzlichen Vorgaben hinaus sich um die nachhaltige Entwicklung kümmert. Nach dem Boykott hatte *Shell* als erster Weltkonzern 1998 einen CSR-Report veröffentlicht. Heute legen viele große Konzerne solche Berichte vor und es gibt auch übergreifende Vereinbarungen für Unternehmen wie den *Global Compact* der Vereinten Nationen. Den freiwilligen Verhaltenscodex haben einige tausend Firmen und Organisationen unterschrieben. Die Initiative ging von UN-Generalsekretär Kofi Annan aus, bei dem jährlichen Davoser Treffen der Manager-Elite im Winter 1999. Der *Global Compact* ist eine strategische Initiative für Unternehmen, die sich verpflichten, ihre Geschäftstätigkeiten an zehn universell anerkannten Prinzipien aus den Bereichen Menschenrechte, Arbeitsnormen, Umweltschutz und Korruptionsbekämpfung auszurichten.

Die Vereinbarung ist ein zahnloser Tiger: Denn die freiwilligen Selbstauskünfte der Konzerne bleiben ungeprüft, bei Verstößen drohen ihnen keine Sanktionen und für Außenstehende ist nicht einmal ersichtlich, ob es bei den beteiligten Firmen im Laufe der Zeit Verbesserungen oder Rückschritte gibt. Die Unternehmen profitieren von dem seriösen Ruf der Vereinten Nationen, für sie ist es eine gute Werbung. Es ist jedoch fraglich, ob sie sich tatsächlich sozialer und ökologischer verhalten und ob die Gesellschaft etwas von einem solchen Abkommen hat. Mit Wohltätigkeitsprogrammen oder ausgewählten vorbildlichen Produkten versuchen Firmen, sich ein Image verantwortungsvollen Handelns zu geben. Doch selbst vor solchen freiwilligen und unverbindlichen Informationsmöglichkeiten scheuen viele Unternehmen noch zurück: Laut *Corporate-Register* beteiligen sich in Europa gerade einmal 2500 der 42 000 hier tätigen Großunternehmen. Warum sollte ein Unternehmen auch freiwillig über Niedriglöhne in seinen Zulieferbetrieben, fehlende gewerkschaftliche Organisationsfreiheit in Fabriken, unbezahlte Überstunden, Gesundheitsgefährdungen der Arbeiter durch Pestizide oder Chemikalien, ungenügenden Klimaschutz, Lobbyismus, Korruptionsfälle oder problematische Finanztransaktionen in Steueroasen informieren?

Auch vermeintliche Helfer der Verbraucher tragen zur Verwirrung bei, kritisiert Sandra Dusch Silva, die für die *Christliche Initiative Romero* bei der *Kampagne für Saubere Kleidung* mitarbeitet. »Einige NGOs wie der WWF helfen beim sogenannten *Greenwashing* kräftig mit«, schreibt sie. So hätten die Umweltschützerinnen Adidas-Vorstandschef Herbert Hainer mit zum Ökomanager des Jahres gekürt, obwohl dieser zum Beispiel aufgrund gestiegener Lohnkosten die Produktion von China ins billigere Vietnam verlagert habe. Und immer wieder werden auch fragwürdige Zustände als vermeintlich unbedenklich zertifiziert. So fragt man sich, welchen Wert ein Sozialaudit hat, das der *TÜV Rheinland* im Fabrikhochhaus *Rana Plaza* in Bangladesch durchführte, wenn weder die Untersuchung des Gebäudes auf Baumängel noch die Begutachtung der Bausubstanz Gegenstand des Audits war?

Wer auf freiwillige Verhaltensänderungen der Unternehmen setzt, übersieht die ökonomischen Mechanismen. Wenn eine Firma ausschert und Schäden an Mensch oder Umwelt zu vermeiden sucht, läuft sie bei den geltenden Bedingungen sogar

Gefahr, aus dem Markt gedrängt zu werden, weil ihre Rentabilität gegenüber den Konkurrenten, die keine Skrupel haben, alle legalen Möglichkeiten zur Gewinnmaximierung auszuschöpfen, vorübergehend sinken kann. Dieses Problem sehen auch wichtige politische Akteure: »Ein sozial besonders verantwortungsvolles Vorgehen ist – zumindest auf kurze Sicht – wirtschaftlich nicht immer am einträglichsten«, heißt es in einem Schreiben der EU-Kommission zur Verantwortung von Unternehmen. Wirklich verändern lässt sich volkswirtschaftlich betrachtet nur etwas, wenn die ökonomischen Mechanismen für alle Unternehmen verändert werden. So müsste das herrschende Paradigma in der Wirtschaft abgelöst werden: Heute gelten fast überall Management-Methoden als Norm, die sich fast nur noch an den Interessen der Investoren orientieren, ganz nach dem Motto: »The business of business is business.« Das ist kein Naturgesetz. Ein Management kann selbstverständlich auch andere Ziele verfolgen, beispielsweise eine Nutzenmaximierung für Kunden und Mitarbeiter bei gleichzeitig nachhaltiger Wirtschaftsweise anstreben. Manch einer versucht schon einmal, eine ehrlichere Bilanz seines unternehmerischen Tuns zu ziehen, also auch die Kosten zu berücksichtigen, welche er auf die Gesellschaften und Umwelt abwälzt. Das verändert den Blickwinkel auf die gegenwärtige Wirtschaft.

Der Sportartikelhersteller Puma leistet hier Pionierarbeit und legte 2011 die erste ökologische Gewinn- und Verlustrechnung eines deutschen Unternehmens vor: Auf 145 Millionen Euro beziffert Puma für das Jahr 2010 die von ihm verursachten Umweltschäden, was zwei Drittel seines Gewinns entsprach.

Künftig will die Firma ihren unternehmerischen Erfolg nicht nur an gewöhnlichen wirtschaftlichen Indikatoren wie Umsatz und Gewinn messen, sondern auch an einer nachweisbaren Senkung ihrer Umweltkosten. Bis 2015 will sie ein Viertel weniger Wasser verbrauchen und den Ausstoß des Klimakillers CO_2 ebenfalls um ein Viertel senken. Akribisch erfasst das Unternehmen mittlerweile alle Ressourcen und Emissionen, welche bei der Herstellung von Schuhen, Trainingsanzügen und sonstigen Produkten anfallen. Noch hat diese Gewinn- und Verlustrechnung einen eingeschränkten Aussagewert, weil die sozialen Kosten noch nicht berücksichtigt werden und ein Vergleich fehlt. Andere Unternehmen müssten nach einer vergleichbaren Methodik bilanzieren, damit der Wettbewerb funktionieren kann. Es ist unwahrscheinlich, dass es schnell dazu kommen wird.

Allerdings bewerten auch spezielle Ratingagenturen für Nachhaltigkeit die Unternehmen. Die Ergebnisse sind ernüchternd: Von den 1600 im Weltaktienindex MSCI World erfassten Großunternehmen rangiert jedes Zweite in puncto Nachhaltigkeit in der schlechtesten Kategorie, besonders schlecht schneiden Öl- und Gaskonzerne ab. Wirklich ändern wird sich wohl nur etwas, wenn Unternehmen und ihr Führungspersonal sowie die Eigentümer der Firmen echte soziale und ökologische Verantwortung übernehmen, statt sich auf ein werbewirksames Maß von CSR-Maßnahmen zu beschränken. Das wird nur geschehen, wenn die Zivilgesellschaft ausreichend Druck auf die Politik macht, damit diese die Regeln für die Wirtschaft ändert und darauf drängt, dass diese Regeln auch tatsächlich eingehalten werden. Hier hapert es gewaltig.

Die Förderung der Menschenrechte gehört zu den expliziten Zielen der Handelspolitik in der EU. Seit Mitte der Neunzigerjahre gibt es dafür auch einen umfassenden Werkzeugkasten. In der Praxis werden die Menschenrechtsaspekte des Handels häufig jedoch immer wieder weniger gewichtet als unternehmerische Interessen. Ersichtlich wird dies aus der langen Liste der Forderungen der EU-Kommission an Handelspartner, einschließlich Entwicklungsländer, welche vor allem Europas Großkonzernen nutzen würde. Die EU drängt zum Beispiel auf eine Öffnung des indischen Dienstleistungssektors, von der sich Handelsketten wie *Carrefour*, *Tesco* oder *Metro* einiges versprechen. Allerdings würden Millionen Jobs im Einzelhandel und bei Kleinbauern verloren gehen, die kaum einen Zugang zu den Lieferketten der europäischen Supermärkte bekommen würden. Aktivisten sehen das Recht auf Ernährung tangiert.

Ohne gesellschaftlichen Druck geht es nicht, das zeigt übrigens auch die weitere Geschichte von *Shell*. Wer geglaubt hatte, dass der Konzern nach der Aktion gegen die *Brent Spar* sein Verhalten dauerhaft ändern würde, musste bald zweifeln.

Im afrikanischen Niger-Delta floss 2008 wochenlang Öl aus lecken Leitungen: Fische starben, Felder verdreckten und viele Bewohner erkrankten. Laut einem Bericht der Vereinten Nationen trat dort doppelt so viel Öl aus wie bei der Ölkatastrophe im Golf von Mexiko 2010. »Das Versagen von Shell, die Lecks schnell zu schließen und den riesigen Ölteppich zu beseitigen, hat das Leben zehntausender Menschen zerstört«, urteilte Antje Breucking, Expertin für Unternehmensverantwortung bei *Amnesty International*. Der Konzern bot den 69 000

Bewohnern der von der Ölkatastrophe besonders betroffenen Stadt Bodo gerade einmal fünfzig Säcke Reis, Bohnen, Zucker und Tomaten als Kompensation an. Einige Betroffene verklagten den Konzern, den sie für den Verlust ihrer Lebensgrundlage verantwortlich machten.

2008 begann der Prozess vor dem Bezirksgericht in Den Haag, weil der Ölkonzern dort seinen Hauptsitz hat. Fünf Jahre später sprachen die Richter den Mutterkonzern weitgehend frei und verurteilten den Tochterkonzern in Nigeria nur in einem von fünf Fällen zu Schadenersatz. *Shell* habe in diesem Fall die Leitungen nicht ausreichend vor Sabotage geschützt. Kriminelle hätten beim illegalen Abzapfen die Leitungen beschädigt und auslaufendes Öl habe das Ackerland des Bauern verseucht. Ansonsten war das Unternehmen nicht haftbar, weil laut nigerianischem Recht eine Mutterfirma nicht dazu verpflichtet sei, »ihre Tochterfirmen im Ausland davon abzuhalten, Dritten zu schaden«, so Richter Henk Wien in seiner Begründung.

Beide Parteien fühlten sich als Sieger des Urteils. *Shell* begrüßte den Richterspruch und sah sich in seiner Haltung bestätigt. Die niederländische Umweltschutzorganisation *Milieudefensie* gab sich ebenfalls zufrieden, weil erstmals ein Gericht *Shell* gezwungen habe, einen Schaden in Nigeria zu kompensieren. »Das ist in Nigeria noch nie gelungen«, sagte ein Sprecher der Organisation, die gemeinsam mit den Bauern geklagt hatte. Auch *Amnesty International* sprach von einem »Durchbruch für Gerechtigkeit«, da die Haftbarkeit des Unternehmens festgestellt worden sei. Allerdings gingen vier Bauern leer aus.

Solange die Rechtslage so ist, wie sie ist, ist der Käuferstreik eines der wenigen Mittel, um einen Konzern wie *Shell* für sein Vorgehen abzustrafen. Für das Verhalten in Nigeria haben Konsumenten *Shell* indes nicht abgestraft. Ohnehin kann niemand vorhersehen, wann Otto Moralverbraucher seine Muskeln spielen lässt, er ist ein unsicherer Kantonist. Zudem ist sein Gedächtnis kurz und er zeigt wenig Bereitschaft, einem Konzern dauerhaft auf die Finger zu schauen. Spätestens nach zwei Jahren setze das »öffentliche Vergessen« ein, und der Umsatz beginne sich zu erholen, sagt der Wissenschaftler und PR-Experte Bentele. Angesichts dessen sollte niemand allzu große Hoffnungen auf Verbraucherboykotte setzen, wenn es um eine Verbesserung gesellschaftlicher Missstände geht. Aber es gibt auch Fälle, in denen Verbraucher handeln wollen, es aber gar nicht können, weil ihnen die Einkaufs-Alternativen fehlen. Das erlebten die Aktivisten eindrücklich beim Boykott von Produkten mit Fluorkohlenwasserstoffen (FCKWs).

FCKWs-Verbot: Ozonloch stopfen – eine Gemeinschaftsaufgabe

»Auto-Spray in 400 original Farbtönen« und »Kein verklebtes Haar mit dem neuen *Elidor* Haarspray«, hieß es in der Werbung in den Sechzigerjahren. Damals gehörten Spraydosen mit FCKWs als Treibmittel zum Konsumalltag, wegen ihrer Produkteigenschaften: Sie brennen nicht, sind wasserunlöslich und für Menschen und Tiere ungiftig. Die FCKW-Welt war unerschütterlich wie die damaligen Beton-Frisuren. Dann besuchte Anfang der Siebzigerjahre der Wissenschaftler Sherwood Rowland einen Vortrag, bei dem viel von der ungewöhnlichen Stabilität des Stoffs die Rede war. Der Chemiker, der ein Institut an der University of California leitete, fragte sich, was aus diesen stabilen Verbindungen wohl in der Atmosphäre entstehen könnte? Schon bald bewies er zusammen mit Mario Molina theoretisch: FCKWs zersetzen in einer Kettenreaktion Ozon, zumindest unter den Bedingungen der polaren Stratosphäre. Das war eine Horrornachricht: Denn die Ozonschicht absorbiert die energiereiche und für den Menschen gefährliche UV-Strahlung der Sonne und ist damit eine Art Lebensversicherung. Der »Weltraumanzug« des Raumschiffs Erde werde löchrig, mahnte die *Tageszeitung*.

Einige Wissenschaftler hielten die Theorie für Panikmache, auch der Physiker Jonathan Shanklin, der beim Polarforschungsinstitut in Cambridge regelmäßig Ozonmessdaten auswertete. Nie waren ihm besondere Änderungen bei den Daten aufgefallen. Dann druckte er erstmals ungefilterte Messdaten aus und entdeckte in den Diagrammen Auffälligkeiten. Sie waren ihm zuvor verborgen geblieben, weil ein Computer-Algorithmus die Daten für Messfehler gehalten und automatisch aussortiert hatte. Shanklin hielt die empirischen Belege für die Theorie von Rowland und Molina in der Hand. Im Mai 1985 veröffentlichte er mit anderen Forschern einen Aufsatz in dem Fachblatt *Nature* mit einem alarmierenden Befund: Die Ozonkonzentration über der Antarktis sei von 1975 bis 1985 bereits um 40 Prozent gesunken. Angesichts der Erkenntnisse rechneten Mediziner vor, dass weltweit 250 000 Menschen zusätzlich an Hautkrebs erkranken dürften. Die Industrie schreckte all das nicht: Sie produzierte den Ozonkiller auf Rekordniveau, weltweit knapp 500 000 Tonnen von den drei wichtigsten FCKWs *Freon 11* und *12* sowie *CFC 113*.

Die Politik reagierte auf das Problem, allerdings nur halbherzig: Zwar verboten 47 Staaten 1989 im *Protokoll von Montreal* fünf besonders aggressive FCKWs. Als Deadline setzten sie das Jahr 1996 fest. Doch das Abkommen war lückenhaft und gewährte der Industrie großzügige Ausnahmen und lange Übergangsfristen. Forscher der *Max-Planck-Gesellschaft* sprachen bissig von »Sterbehilfe« für die Ozonschicht. Jetzt schlug die Stunde von Otto Moralverbraucher. Er reagierte bereitwillig, als diverse NGOs, Umweltschützer und Verbraucherzentralen zu einem Boykott der Spraydosen mit FCKWs aufriefen.

Allerdings war der Einfluss der Konsumenten auf die Produktion des gefährlichen Stoffs begrenzt. Zwar versprühten sie 1985 alleine in Deutschland rund 179 Millionen Haarsprays auf ihren Köpfen, nutzten 89 Millionen Spraydosen im Haushalt und weitere 63 Millionen Spraydosen zur Autopflege. Und dass die Produkte in den Regalen stehen blieben, führte dazu, dass die Firmen schon bald Alternativen entwickelten wie Pumpsprays. Aber private Haushalte verbrauchten nur den kleineren Teil der Treibhausgase, einen wesentlich größeren Teil setzten Firmen in der Produktion ein, ob als Kühlmittel oder für die Schaumstoffherstellung. Vor allem fehlte Konsumenten an einer ganz entscheidenden Stelle eine Alternative im Produktangebot: Jeder Kühlschrank enthielt nämlich damals in Deutschland FCKWs als Kühlmittel.

Solche Situationen gibt es immer wieder in der Wirtschaft: Wichtige Innovationen unterbleiben, obwohl es dafür einen volkswirtschaftlichen Bedarf und sogar potenzielle Käufer gibt. Neue Investitionen lohnen sich jedoch oft für die etablierten Anbieter nicht, wenn deren Anlagen abgeschrieben sind und entsprechend regelmäßig hohe Gewinne abwerfen. Etablierte Energiekonzerne blockierten deswegen auch jahrelang die Entwicklung regenerativer Energieanlagen und setzten lieber auf Kohlekraftwerke und Atomenergie. So verdiente der Betreiber *RWE* am Atomkraftwerk Biblis schätzungsweise eine Million Euro am Tag, bis er den Reaktor nach der Katastrophe von Fukushima abstellen musste. Automobilhersteller vernachlässigten die Entwicklung einer Alternative zum Benzinmotor. Überhaupt sind Platzhirsche weniger innovativ als Neulinge: Zwei von drei grundlegenden Innovationen gehen laut den Forschern Klaus Fichter und Jens Clausen von dem Berliner *Borderstep Institut für Innovation und Nachhaltigkeit* auf das Konto neu gegründeter Unternehmen. Allerdings fällt es solchen Firmen oft schwer, in einem Markt Fuß zu fassen, vor allem wenn sie dafür viel Kapital benötigen. Ökonomen sprechen dann von hohen Markteintrittsbarrieren.

Für eine Kühlschrank-Alternative sorgten jedoch Anfang der Neunzigerjahre keine Unternehmer, sondern Umweltschützer: *Greenpeace* betätigte sich als Geburtshelfer für das erste Gerät ohne klimaschädliches Kühlmittel. Die Aktivisten beauftragten Forscher mit der Suche nach einem neuen Kühlmittel. Mit einer neuen umweltfreundlichen Rezeptur aus Propan und Isobutan in der Tasche machten sie sich auf die Suche nach einem Hersteller. Die großen Hersteller wie *Bosch,*

AEG und Miele winkten ab. Einzig die *DKK Scharfenstein*, ein Betrieb in Ostdeutschland, dem damals die Abwicklung drohte, wollte es ausprobieren. Unter dem neuen Namen *Foron* baute die Firma mit einem Zuschuss von *Greenpeace* in Höhe von 26 500 D-Mark zehn Prototypen. Der TÜV nahm die Geräte ab. Am 15. März 1993 startete *Foron* die Serienproduktion des neuen Kühlschranks.

»Wir hatten wütende Reaktionen der Chemieindustrie und von etablierten Kühlschrankherstellern. Mein Telefon stand nicht mehr still«, erinnert sich Wolfgang Lohbeck, der für die Umweltschutzorganisation den »Greenfreeze« auf den Weg brachte. Einige Hersteller warnten in einen Brief den Handel vor angeblich brennbaren Gasen. Die unfaire Attacke verpuffte, dank der Konsumenten: 70 000 bestellten einen FCKW-freien Kühlschrank allein bei *Greenpeace*. Dank der Alternative konnten die Verbraucher ihre Einkaufsmacht nutzen und der Markt seine Dynamik entfalten: Schon bald boten alle europäischen Hersteller entsprechende Geräte an. Noch im gleichen Jahr schaffte die Technik den Sprung nach China. Heute basiert etwa jeder zweite weltweit produzierte Kühlschrank auf dieser Technik.

Alleine hätten die Konsumenten trotzdem die Ozonschicht nicht vor ihrer Zersetzung retten können. Aber zwischenzeitlich war die Politik aufgewacht und hatte das *Montreal-Protokoll* entscheidend nachgebessert: Die Politiker kappten lange Übergangsfristen und verlängerten die Verbotsliste um weitere die Ozonschicht zersetzende Verbindungen wie Brom und Chlor. Die Industriestaaten nahmen eine Vorreiterrolle ein und gründeten sogar einen Fonds, der ärmere Staaten bei der

Umstellung auf Ersatzstoffe unterstützte. Das Protokoll haben bis heute über 190 Staaten unterzeichnet. China – der letzte Großproduzent von FCKWs – schloss 2007 fünf seiner sechs Anlagen. Das Ozonloch über der Arktis öffnet sich noch immer jeden September, aber die Löcher werden kleiner und die Konzentration des schützenden Ozons hat über Nordeuropa messbar zugenommen. Es besteht eine reelle Chance, dass sich die Ozonschicht bis zum Jahr 2050 wieder erholt.

Immun gegen den Boykott: Firmen unter sich

Mit dem Einkaufswagen kann Otto Moralverbraucher auf dem Markt nur Druck auf Konzerne ausüben, wenn er deren Produkte kaufen kann. Das hat erhebliche Konsequenzen. Denn wer einmal genau hinschaut, bemerkt, dass es ziemlich viele Firmen gibt, die keine Waren für den Endverbraucher herstellen und Boykottaufrufe daher sinnlos sind. Die Lektion lernten politische Konsumenten in den Sechzigerjahren bei ihren Protesten gegen den Vietnamkrieg. Dort führte die US-Armee zusammen mit der südvietnamesischen Regierung einen Krieg gegen Nordvietnam und gleichzeitig in Südvietnam gegen die kommunistische Guerillaorganisation des Vietkongs. Der Chemiekonzern *Dow Chemical* belieferte die amerikanischen Streitkräfte mit zwei umstrittenen Kampfstoffen: Mit dem Herbizid *Agent Orange* entlaubte die Armee großflächig den Urwald, um die Widerstandskämpfer leichter aufspüren zu können und Nutzpflanzen zu zerstören. *Agent Orange* ist eine der giftigsten Varianten des ohnehin gefährlichen Dioxins. Kritiker sprachen von einem »Ökozid«. Drei Jahrzehnte später leiden unter den Herbiziden, die über Vietnam versprüht wurden, laut der Hilfsorganisation *Rotes Kreuz* schätzungsweise noch etwa eine Millionen Menschen, darunter hunderttausend Kinder mit Fehlbildungen. Das Gift wirkt noch heute, beispielsweise über die Nahrungskette. Auch bis zu 200 000 amerikanische Soldaten waren seinerzeit erkrankt.

Dow Chemical lieferte auch *Napalm*, eine Art brennbares Gel, das Kampfpiloten in Kanistern mit Zündern abwarfen. Wenn sie aufschlugen, verspritze der Brennstoff in einem Umkreis von hundert Metern, entzündete sich, und entwickelte eine Verbrennungstemperatur von 800 bis 1200 Grad – eine tödliche und grausame Waffe.

Für den Konzern war der Umsatz durch den Verkauf beider Kampfmittel vergleichsweise unbedeutend. Laut einem Bericht des *Spiegels* verkaufte der Konzern damals jährlich für rund 20 Millionen D-Mark Napalm an das Pentagon, was nur ein Bruchteil des Gesamtumsatzes von 5,5 Milliarden D-Mark war. Friedensaktivisten waren deswegen recht zuversichtlich, dass sie die Firma mit einem Käuferstreik animieren könnten, deren Produktion einzustellen. Zuerst gab es rund hundert Protestveranstaltungen von Studenten. Dann riefen Hausfrauenverbände, die in den USA über Einfluss verfügten, die Leute zum Boykott der Frischhaltefolie *Saran Wrap* auf. Sie errichteten bei einem Protestevent in St. Louis sogar Scheiterhaufen aus den Folien, die sie ansteckten. Das lieferte medienwirksame Bilder. Trotzdem blieb dieser Boykott ein unbedeutender Nadelstich für den Konzern.

Zudem stellten die Aktivisten fest, dass es kaum Waren gab, die sie sonst noch von dem Chemiekonzern hätten boykottieren können, um den wirtschaftlichen Druck auf dessen Management und Eigentümer zu erhöhen. Denn der Konzern stellte fast nur Zwischenprodukte her, die erst andere Firmen zu Endprodukten verarbeiteten. Wie aber sollten Verbraucher ein Unternehmen mit einem Boykott seiner Produkte bestrafen, wenn sie nicht einmal wussten, in welchen Waren dessen Vorprodukte enthalten sind?

Dem Unternehmen konnte zudem sein Image beim Endverbraucher verhältnismäßig egal sein, solange nur die Firmen und andere Großkunden wie die Armee weiter bei ihm bestellten. Wenn Verbraucher einem Unternehmen weder direkt durch Kaufenthaltung noch indirekt durch einen Imageschaden überzeugend drohen können, sind Boykottaufrufe zwecklos.

Die Manager hielten an der Produktion der strittigen Kampfstoffe aber auch fest, weil sie – ebenso wie die Aktivisten – davon überzeugt waren, dass sie damit genau das Richtige taten: »Solange unsere Jungs in Vietnam sind, sollten wir sie unterstützen, so gut wir können«, sagte Generaldirektor Herbert Doan. Die Sanktionen von Verbrauchern können eben keine gesellschaftliche Debatte in einer Demokratie darüber ersetzen, was die Mehrheit der Gesellschaft für richtig hält.

Der Boykott gegen *Dow Chemical* verpuffte. Später verkaufte der Konzern die Marke *Saran Wrap* und war damit praktisch immun gegen das Votum von Endverbrauchern. Das Beispiel zeigt, dass Verbraucher keinesfalls jeden Konzern unter Druck setzen können.

Die Aktivisten wechselten damals die Taktik und meldeten sich bei *Dow Chemical* als Anteilseigner zu Wort. Während Investoren gewöhnlich Aktien kaufen, um damit Geld zu verdienen, kauften Privatleute nun Wertpapiere, um bei dem Unternehmen mitreden zu können. Studenten, Hausfrauen, Priester und andere forderten die Manager bei der Hauptversammlung 1968 eindrücklich auf, die Napalm-Produktion einzustellen. Der Börsenmakler Daniel J. Bernstein redete den Managern besonders eindringlich ins Gewissen, erinnerte sie an einen Kriegsverbrecherprozess nach dem Zweiten Weltkrieg in Deutschland, bei dem Richter den Manager der *Deutschen Gesellschaft für Schädlingsbekämpfung* zu fünf Jahren Gefängnis verurteilt hatten. Er hatte auf Befehl das Giftgas *Zyklon B* hergestellt, mit dem Juden in den Konzentrationslagern ermordet wurden. »Was ist der Unterschied zwischen einem Juden in einer deutschen Gaskammer und einem vietnamesischen Bauern in einem Erdloch, das von Napalm getroffen wird?«, zitiert der *Spiegel* Bernstein. Darauf antwortete Doans: »Selbst wenn Lyndon B. Johnson später einmal von der Geschichte als Massenmörder oder als zweiter Hitler gerichtet werden sollte, würden wir mit Freuden bekennen, im Glauben an das moralische Recht unseres Landes gehandelt zu haben.« Allerdings sicherten sich die Manager vorsorglich ab und fragten beim Verteidigungsministerium nach, ob der Konzern möglicherweise juristisch zur Verantwortung gezogen werden könnte. Als das Pentagon dies verneinte, produzierte die Firma die umstrittenen Kampfstoffe weiter.

Bürgerrechtler machten sich nun auch bei anderen Aktionärsversammlungen bemerkbar und warben beispielsweise bei

General Motors für die Gleichstellung von Schwarzen und Weißen sowie von Frauen und Männern. Heute gehören kritische Aktionäre zum Bild vieler Hauptversammlungen. Als sie in den Achtzigerjahren in Deutschland erstmals auf den Versammlungen über Menschenrechte und Umweltverschmutzung sprachen, fanden das viele Versammlungsleiter noch unerhört. »Man hat Rednern das Mikrofon abgestellt oder sie aus dem Saal befördert«, erzählt Markus Dufner, Geschäftsführer der Vereinigung »Kritische Aktionäre in Deutschland«. Sie protestierten damals beispielsweise dagegen, dass deutsche Unternehmen in Ländern produzierten, wo wie in Argentinien das Militär herrschte.

Heute müssen sich Konzerne regelmäßig kritischen Aktionären bei Hauptversammlungen stellen. So prangerten Redner von *Oxfam* 2012 bei dem Versicherungskonzern *Allianz* und *Foodwatch* bei der *Deutschen Bank* deren Spekulationsgeschäfte mit Nahrungsmitteln an. Um die Medienwirksamkeit zu verstärken, laden Aktivisten regelmäßig Betroffene ein. Dann müssen die Firmenchefs der *Deutschen Bank* dem Minenopfer genauso Rede und Antwort stehen wie der *RWE*-Vorstand dem bulgarischen Nuklearphysiker, der die Aktionäre über Risiken des geplanten Kraftwerksbaus in seinem Heimatland aufklärte, oder die Vorstände des Stahlkonzerns *Thyssen-Krupp* dem brasilianischen Fischer, der gegen die Zerstörung seiner Fanggründe durch den Bau eines Stahlwerks in seiner Heimat protestierte.

Manche sprechen irreführend von Aktionärsdemokratie, allerdings hängt der Einfluss bei einer Aktiengesellschaft von der Zahl der Aktien ab: Jede Aktie ist eine Stimme. Deswegen bestimmen die großen Investoren am Ende des Tages, wo es langgeht.

Wer die Produktion von Rüstungsgütern beschränken und deren Vernichtung erreichen will, der muss politischen Druck machen. Wie das funktionieren kann, zeigt die Entstehungsgeschichte der Ottawa-Konvention zum Verbot von Antipersonenminen, bei der die Zivilgesellschaft eine wichtige Rolle spielte. Die Schwesterorganisationen Rotes Kreuz und Roter Halbmond, das Kinderhilfswerks der Vereinten Nationen (UNICEF) und diverse NGOs, vereint in der *International Campaign to Ban Landmines (ICBL)*, trugen entscheidend dazu bei, das Minenthema auf die internationale Agenda zu setzen. Die ICBL erhielt für ihr Engagement 1997 den Friedensnobelpreis. Das Abkommen haben mittlerweile mehr als 150 Staaten ratifiziert. Es verbietet den Einsatz, die Produktion sowie die Lagerung und Weitergabe dieser Waffen. Die Vertragsstaaten müssen ihre Lagerbeständen innerhalb von vier Jahren zerstören, minenverseuchte Gebiete innerhalb von zehn Jahren räumen und Mittel für die Minenopferhilfe bereitstellen. Als eine der ersten Armeen vernichtete die Bundeswehr ihre Bestände an Antipersonenminen.

Kult macht blind: Apple

Es gibt Konsumgüterkonzerne, die nicht boykottiert werden, obwohl es leicht möglich wäre und Anlass dazu genug gäbe. Bestes Beispiel hierfür ist *Apple*. Boykottaufrufe verhallen. Die Käufer enthalten sich in diesem Fall der Kaufverweigerung und stürmen stattdessen bei jeder Produktpremiere aufs Neue die Läden, trotz negativer Schlagzeilen über die Arbeitsbedingungen bei *Apples* Lieferanten. Diese erreichten mit der Selbstmordserie von Arbeitern im Jahr 2010 einen vorläufigen Höhepunkt. Einige verzweifelte Beschäftigte stürzten sich sogar von den Dächern chinesischer *Foxconn*-Werke in den Tod. Die Nachrichten und Bilder verbreiteten sich weltweit. Der Kommentar des damaligen *Apple*-Chefs Steve Jobs: 13 Selbstmorde in einem Jahr, das sei doch immer noch weniger als die amerikanische Selbstmordrate von elf auf hunderttausend Einwohner.

Der taiwanesische Konzern *Foxconn* beschäftigt insgesamt etwa 1,3 Millionen Arbeiter, etwa jeden Dritten in der Sonderwirtschaftszone Shenzhen in Südchina. Mitarbeiter von *China Labor Watch*, einer in den USA ansässigen NGO zur Verbesserung der Arbeiterrechte in China, arbeiteten hier wiederholt verdeckt. Seitdem wissen wir von dem ungeheuren Druck, der auf den Beschäftigten lastet. Von Arbeitsvorgängen im Siebensekundentakt, einer fehlenden Überstundendokumentation und den knapp über dem Existenzminimum liegenden Löhnen. In den Werken »herrscht ein militärischer Stil«, sagt Li Qiang, Leiter von *China Labour Watch* in einem Interview mit *Amnesty International*. Im nordchinesischen Werk Taiyuan beteiligten sich 2012 zweitausend Beschäftigte an einem Arbeiteraufstand. Im gleichen Jahr halfen Staatsbedienstete bei der Organisation von Kinderarbeit. Als ein Lieferengpass für das neueste iPhone drohte, beorderten Schulleiter kurzer Hand tausende Schüler für ein Pflichtpraktikum in die Fabriken von *Foxconn* und kassierten dafür Prämien. Solche Aktionen sind kein Einzelfall in China, wo zahnlose Gewerkschaften zwar

Hochzeitsfeiern und Fahrten für Rentner organisieren, aber ihren eigentlichen Job nicht erledigen: Löhne und Arbeitsbedingungen für die Beschäftigten aushandeln.

Apple beschränkt sich fast ausschließlich auf Entwicklung und Design seiner Produkte und schafft es, ohne eine kostspielige Infrastruktur eines klassischen Großkonzerns auszukommen. Die Produktionskosten sind minimiert und machen schätzungsweise nur etwa zwei Prozent am Endpreis von knapp 900 Euro für ein *iPhone 5* aus.

Weil die Verbraucher bereit sind, für diese Geräte Fantasiepreise zu zahlen, erzielt das Unternehmen Traumrenditen: Von einem Dollar Umsatz waren es phasenweise 26 Cent Gewinn, was das drei- bis vierfache dessen ist, mit dem viele andere Unternehmen zufrieden wären. Der Nettogewinn von *Apple* betrug 2012 mehr als 41 Milliarden US-Dollar – der Konzern könnte also durchaus mehr Geld für bessere Arbeitsbedingungen ausgeben.

Aktivist Li Qiang weist denn auch die Hauptverantwortung für die miserablen Zustände in den Fabriken dem populären Auftraggeber zu. Für einen Zulieferer sei es angesichts der geringen Gewinnmarge viel schwieriger, die Arbeitsbedingungen für die Beschäftigten zu verbessern. Aber *Apple* bunkert lieber Geld, zu einem großen Teil sogar legal in Steueroasen.

Konzernchef Tim Cook gab 2012 dem Druck nach, nicht dem der Menschenrechtler und Gewerkschaftler, sondern dem der Anteilseigner: 45 Milliarden Dollar sollen innerhalb von drei Jahren an die Aktionäre ausgeschüttet werden. Mit Blick auf die Arbeitsbedingungen sagte er nur: »Es bleibt einiges zu tun.« Zweifel an der Ernsthaftigkeit einer solchen Äußerung formulierte umgehend ein ehemaliger *Apple*-Mitarbeiter in der *New York Times*: »Wenn man das gleiche Muster an Problemen sieht, Jahr und Jahr, bedeutet es, dass das Unternehmen das Problem ignoriert, anstatt es zu lösen (…) Würden wir es ernst meinen, würden diese Verstöße verschwinden.«

Die Geschehnisse animieren Otto Moralverbraucher jedoch nicht zum Handeln. Auf dem Apple-Auge ist er blind. Der Konsumforscher Kai-Uwe Hellmann vergleicht *Apple*-Fans mit Gläubigen, die alles ausblenden, was nicht in ihr Bild passt.

Viele wollen aus praktischen Erwägungen nicht auf diese Geräte verzichten. Tatsächlich besteht zwischen den Produkten von *Apple* und denen der Konkurrenz in vielen Punkten eine Differenz bei Funktionsfähigkeit, Design und Image. Ein Boykott ist damit tatsächlich mit einem echten Verzicht für den Verbraucher verbunden, ganz anders als beispielsweise bei dem Boykott von *Shell*: Zwischen dem Benzin verschiedener Anbieter besteht für Verbraucher eben kaum ein Unterschied.

Aber ein entscheidender technischer Fortschritt oder ein cooles Image kann sich binnen kurzer Zeit ändern. Das erlebte der Sportartikelhersteller *Nike* in den Neunzigerjahren. Auslöser waren Berichte über die Arbeitsbedingungen bei seinen asiatischen Sublieferanten. Naomi Klein, eine der wichtigsten Stimmen aus den Reihen der Globalisierungskritiker, prangerte die Zustände in ihrem im Jahr 1999 erschienenen Klassiker »No Logo« an. Viele Konsumenten empörten sich. Schwarze Jugendliche kippten Berge von Turnschuhen vor die Konzernzentrale. Solche Bilder kratzten an dem mit Werbemilliarden aufgebauten Image – dem wertvollsten Kapital vieler Unternehmen heute.

Im Sommer 2013 flammte die Kritik an den Arbeitsbedingungen bei *Apples* Zulieferern erneut auf. *Foxconn* hat reagiert und zum Beispiel die Löhne etwas angehoben. Andere Maßnahmen zur Verbesserung des Image sind jedoch grotesk: Mitarbeiter mussten an Aktionstagen T-Shirts tragen mit der Aufschrift: »I love Foxconn«. Solche Inszenierungen kennt man vor allem aus Diktaturen. Die Arbeitsbedingungen sind aber kein Problem einer Firma, sondern ein systemisches Problem. Laut *China Labor Watch* arbeiten die Beschäftigten bei anderen *Apple*-Lieferanten wie *Pegatron* und *Ri-Teng* teilweise unter noch schlechteren Verhältnissen als bei *Foxconn*. Mehr als sechs Dutzend unterschiedliche Arten von Arbeitsrechtsverletzungen haben die Aktivsten festgehalten, wie etwa Kinderarbeit, exzessive Arbeitszeiten und Misshandlung durch das Management. Laut den Aktivisten sind die Vorgaben, die *Apple* seinen Lieferanten mittlerweile zum Schutz der Arbeiter macht, wenig wirksam. Vorgesetzte nötigen Arbeiter beispielsweise, falsche Arbeitszeitangaben zu unterschreiben, oder sie setzen häufiger Leiharbeiter ein: Für sie gelten die Vorgaben der Auftraggeber nicht. Auch andere Elektronikhersteller wie *Nokia, Acer, Sony, Dell* und *Hewlett Packard* beauftragen solche Zulieferer.

Im Sommer 2013 kaufte der Investor Carl Icahn, einer der aggressivsten Investoren der Wall Street, für schätzungsweise eine Milliarde Dollar Aktien von *Apple*. Er verkündete umgehend, dass er das Unternehmen zu einem groß angelegten Rückkauf von Aktien bewegen will, zur Steigerung des Kurswertes, wovon alle Aktionäre einschließlich ihm profitieren würden. Icahn hielt es sogar für richtig, wenn die Firma dafür Kredite in dreistelliger Milliardenhöhe aufnehmen würde. Sollte er Erfolg haben, wäre Icahn um einiges reicher, das Unternehmen verschuldet und die Wahrscheinlichkeit geringer, dass diejenigen angemessener bezahlt werden, die die Kult-Produkte herstellen.

Unbeantwortet muss die Frage bleiben, ob das Management von *Apple* entschiedener auf eine Verbesserung der Arbeitsbedingungen bei seinen Zulieferern drängen und dafür mehr Geld bereitstellen würde, wenn die Konsumenten tatsächlich Druck machen würden. Ein Ereignis jedenfalls spräche dafür: Die Einkäufer von US-Universitäten wie Berkeley, der Stadtverwaltung von San Francisco oder des Autobauers *Ford* haben sich freiwillig verpflichtet, Computer nur zu kaufen, wenn sie Umweltsiegel von *EPEAT* tragen. EPEAT steht für Electronic Product Environmental Assessment Tool und bewertet die Umweltverträglichkeit eines technischen Produktes, zum Beispiel in welchem Ausmaß alte Geräte zerlegt und recycelt werden können. Das ist eine wichtige Voraussetzung für einen geringeren Verbrauch von Ressourcen. Mit dem Siegel zeichnet *Apple* seine Geräte aus. 2012 überlegte es sich der Konzern zeitweilig anders, vielleicht, so wurde gemutmaßt, weil beim neuen *Macbook Pro* mit Retina-Display der hochgiftige Akku fest verklebt sei, was eine Trennung erschwert oder sogar verhindert hätte. Vielleicht wollte die Firma also lieber vorab auf die Verwendung des Siegels verzichten, als zu riskieren, dass die NGO das Kennzeichen für das neue Designprodukt verweigert hätte. Doch *Apple* hatte die Reaktion seiner Großkunden unterschätzt, es hagelte Beschwerden. Nach einer Woche gab der mächtige Konzern klein bei.

Der Zeitpunkt für einen erfolgreichen Boykott gegen *Apple* könnte dann kommen, wenn das Unternehmen seine Alleinstellung auf dem Markt verliert. Das passiert in der digitalen sehr viel schneller als in der klassischen Unternehmenswelt, was die rasanten Niedergänge von *AOL*, *Nokia*, *Palm* oder *Blackberry* zeigen. Im Falle von *Apple* gibt es ebenfalls erste Anzeichen dafür. Vor allem viele junge Leute in Asien kaufen Produkte von *Samsung*. Allerdings produzieren die Koreaner keinesfalls unter besseren Bedingungen. Bis zu einer wirklich fairen Produktion von Computern ist es noch ein weiter Weg, wie bei allen komplexen Produkten, an deren Produktion viele Firmen rund um die Welt beteiligt sind.

Krötenwanderung: Geldanlagen boykottieren

»Ihre Kröten wandern«, hieß eine Aktion, mit der NGOs nach dem Ausbruch der Finanzkrise Verbraucher ermunterten, ihre Bank zu wechseln, hin zu einem sozial-ökologischen Anbieter. Die Finanzkrise hatte vielen die Augen geöffnet, sie hatten bittere Lektionen zu lernen: Erst retteten die Regierungen mit Steuergeldern und Bürgschaften Banken, dann spekulierten einige dieser Banken gegen die Staaten und lösten damit die europäische Staatsschuldenkrise aus. Kritischer beobachte die Öffentlichkeit nun auch andere Geschäfte von Finanzkonzernen, wie z.B. deren Spekulation auf Grundnahrungsmittel.

Manch ein Verbraucher war mit dem, was er sah, unzufrieden und schaute sich nach einer neuen Hausbank um.

Auf den ersten Blick gibt es eine große Auswahl unterschiedlicher Banken in Europa. In vielen Ländern gibt es Sparkassen, Genossenschaftsbanken, Großbanken und Direktbanken. Doch die Vielfalt täuscht: Oft sind Genossenschaftsbanken und Sparkassen zu börsennotierten Großbanken verschmolzen. Schließlich gelten große internationale Banken für viele Wirtschaftslenker und Politiker bis heute als unverzichtbar für eine starke Volkswirtschaft. Entsprechend beförderte die Politik die Schaffung internationaler Großbanken auch in Deutschland, besonders aber in England. In der Finanzkrise sind dort die großen Banken sogar noch größer geworden.

So verschmolz auf Druck der privaten Bankenlobby die englische Regierung in den Achtzigern die Sparkassen in dem Gemeinschaftskonzern TSB und privatisierte ihn; dann fusionierte TSB mit der privaten Großbank Lloyds. Unternehmer lieben oligopolistische Märkte, wie sie nun vielerorts für Banken entstanden, weil sie hier höhere Preise durchsetzen können. Volkswirtschaftlich sind sie schädlich. Wie schädlich, stellte im Jahr 2000 eine vom britischen Parlament eingesetzte Kommission im sogenannten *Cruickshank-Bericht* fest: Banken kassierten demnach von Privatpersonen und kleinen Unternehmen jährlich überhöhte Gebühren im Wert von bis zu fünf Milliarden Pfund. Viele Privatkunden bekamen kein Girokonto und kleine und mittelständische Unternehmen litten unter der restriktiven Kreditvergabe der Großbanken. In Deutschland gibt es anders als in England noch einen intensiven Wettbewerb zwischen Sparkassen, Genossenschaftsbanken und privaten Banken. Deswegen ist die Versorgung kleiner und mittlerer Unternehmen mit Krediten oder von Privatpersonen mit Girokonten besser.

Der Zeitgeist erfasst allerdings auch viele dieser Institute in Deutschland. Günter Grzega war lange Zeit Chef der *Sparda Bank München:* Auch unter den Genossenschaftsbanken habe sich »der neoliberale Ansatz breitgemacht«, er sei sich Ende der Neunzigerjahre wie ein »einsamer Rufer in der Wüste« vorgekommen, weil er am altbewährten Banken-Einmaleins festhielt, sich auf das klassische Kredit- und Einlagengeschäft beschränkte, wofür er von Kollegen als »ewig Gestriger milde belächelt worden sei«. Aber es habe sich ja erwiesen, dass der Weg »in die reine Abhängigkeit von Maximalgewinn bzw. Maximalrenditen der Irrweg ist«, sagt er rückblickend.

Für Konsumenten ist es in Europa also schon oft schwierig, eine Bank zu finden, bei der sie unter konventionellen Gesichtspunkten halbwegs fair behandelt werden, geschweige denn eine, die ihre Kundengelder sozial und ökologisch nachhaltig investiert. Kritischen Geister sind alternative Banken schon lange ein Anliegen. Denn Geld ist ein machtvolles Instrument, mit dem wir auf jeden Fall – bewusst oder unbewusst – gesellschaftliche Entwicklungen fördern.

Aktivisten der Friedens- und Anti-Atomkraft-Bewegung in Deutschland erkannten in den Achtzigerjahren einen Widerspruch in ihrem eigenen Handeln: Sie hatten ihr Konto bei Banken, die Projekte finanzierten, die sie politisch bekämpften, seien den Bau von Startbahnen und neuen Flughäfen und Atomkraftwerken oder die Produktion von Panzern und Raketen. Einige Aktivisten gründeten deswegen eine Bank, die entsprechend ihren politischen Vorstellungen agieren sollte. Diese Idee unterstützten Leute, indem sie das Gründungskapital von acht Millionen D-Mark beisteuerten. Die *Ökobank* eröffnete 1988 in Frankfurt mit fünf Beschäftigten. Die Turnschuhbanker unterstützten mit dem Geld politische Ziele, die ihren Kunden aus dem Alternativmilieu wichtig waren, ob Pioniere erneuerbarer Energie, Hersteller vollwertiger Lebensmittel oder soziale Projekte zur Förderung der Gleichberechtigung. Wunschprojekte erhielten Vorzugskonditionen. Die *Ökobank* war neben der Gründung der alternativen *tageszeitung* das wichtigste Leuchtturmprojekt der Alternativen in Deutschland.

Die Ökobanker leisteten wichtige Pionierarbeit bei grünen Finanzprodukten und mauserten sich binnen weniger Jahre zur größten Alternativbank Europas. Größe war von ihnen gewollt: Um sich einen größeren politischen Einflusses zu sichern, wollten die Banker möglichst schnell eine Bilanzsumme von einer Milliarde D-Mark erreichen. Weil die Bank schneller Kredit ausgab, als sie Eigenkapital sammelte, öffnete sich eine gefährliche Schere zwischen Geschäftsvolumen und Eigenkapital. Als dann einige Großkredite in der Recyclingbranche platzten, geriet sie in Turbulenzen. Die anderen Genossenschaftsbanken standen nicht für den Erhalt des ungeliebten Schwesterinstituts ein, was sehr wohl möglich gewesen wäre.

Große Teile der Bank übernahm später die alternative *GLS Bank*, die ein Kreis von Anthroposophen 1974 in Bochum gegründet hatte. Bis zu diesem Zeitpunkt bot die Bank allerdings noch kein umfassendes Spektrum an Dienstleistungen an, so fehlte ein Girokonto. Ihre Gründer wollten Menschen bei der Umsetzung von Ideen helfen. Ihnen ging es um einen sozialen, nicht um einen monetären Gewinn.

Anfangs verzichtete die Bank sogar ganz auf Kreditzinsen. Stattdessen legte sie ihre Kosten am Ende eines Jahres über eine Umlage auf die Kreditnehmer um. Die Idee pflanzte sich fort und es entstanden Schwesterbanken wie *Merkur* in Dänemark, die *BCL Gemeinschaftsbank* in der Schweiz, *La Nef* in Frankreich oder die niederländische *Triodos,* heute die größte und einzige länderübergreifend tätige europäische Alternativbank. Auch außerhalb dieses Umfeldes entstanden neue Alternativbanken; in Deutschland beispielsweise die *Umweltbank* und in Italien die *Banca Etica.*

Diese Banken filtern Geldanlagen nach Kriterien der Nachhaltigkeit. Wer sein Geld als Verbraucher zu einer dieser Banken bringt, kann zumindest davon ausgehen, dass die Banker versuchen, damit etwas Vernünftiges zu machen. Hier haben beispielsweise Unternehmen aus dem Bereich ökologische Landwirtschaft, erneuerbare Energie oder solche, deren Initiatoren soziale und entwicklungspolitische Ziele verfolgen, gute Karten, wenn sie einen Kredit haben wollen. Was das in der Praxis bedeuten kann, zeigt das Beispiel von Stefan Palme.

Er bewirtschaftet in der nördlich von Berlin gelegenen Schorfheide einen Biobauernhof. 1996 übernahm der bayerische Landwirt mit einem Partner das heruntergekommene *Gut Wilmersdorf.* Heute wachsen hier auf 1100 Hektar Weizen, Dinkel, Gerste, Roggen, Hafer, Fenchel und Kümmel. Außer Palme setzten noch andere Bauern auf biologischen Anbau und so entstand in der Schorfheide Europas größtes zusammenhängendes Bioanbaugebiet. Es umfasst 12 000 Hektar. Das stand auf dem Spiel, als die Pachtverträge ausliefen und die öffentliche Hand die Flächen an den Meistbietenden verkaufen wollte. Mittlerweile boten Agrarinvestoren hohe Summen für die Ackerflächen, auf denen sie Energiepflanzen anbauen wollten. Binnen weniger Jahre hatten sich die Bodenpreise je Hektar auf 17 000 Euro fast vervierfacht.

»Da konnten wir nicht mithalten«, sagt Palme. Die Biobauern standen vor dem Aus. Sie ersannen ein Alternativmodell und entwickelten mit der *GLS Bank* die Idee eines Bodenfonds. Er unterscheidet sich in einem wesentlichen Punkt von anderen Fonds, die in landwirtschaftliche Flächen investieren: Spekulationsgewinne sind ausgeschlossen. Vielmehr wurden die landwirtschaftlichen Flächen bewusst aus dem spekulativen Kreislauf herausgelöst. Die Anleger haben das Geld quasi für ewig eingezahlt, erhalten geringe Zinsen und besitzen kein Kündigungsrecht; sie können ihre Anteile nur anderweitig an jemanden weiterverkaufen, der das Modell akzeptiert. 600 Anleger sichern nun in der Gegend eine biologische Landwirtschaft.

Zur Gewährleistung der Nachhaltigkeit betreiben die Banken großen Aufwand: Die *Umweltbank* hat einen unabhängigen Kontrollrat, der die Kreditvergabe kontinuierlich überwacht. Zudem durchläuft jedes Kreditprojekt eine »doppelte Kreditprüfung«. Mithilfe eines von der *Umweltbank* entwickelten ökologischen Ratings und einer ökonomischen Bewertung erhält jedes Engagement einen zweistelligen Bonitätsschlüssel, der die gleichwertige ökonomische und ökologische Beurteilung eines geplanten Projekts widerspiegelt.

Vor allem erfahren Konsumenten bei alternativen Banken, was mit ihrem Geld geschieht. Sie können nachschauen, wem die Bank wofür Kredit gibt oder wie sie ihre eigenen Gelder anlegt. Wer sein Geld hier parkt, der unterstützt nicht ungewollt Geschäfte. Übrigens: Obwohl die Mehrheit der Deutschen sich für eine Abschaltung der Atomanlagen aussprach, war auch eine Mehrheit über ihre Girokonten indirekt an der Finanzierung der Atommeiler beteiligt. Denn alle deutschen Großbanken sowie die Zentralbanken von Sparkassen und Volks- und Raiffeisenbanken waren an der Finanzierung der Atomindustrie beteiligt.

Alternative Banken beschränken sich gewöhnlich auf das klassische Bankgeschäft, nehmen also Einlagen von Kunden entgegen und geben Kredite aus, leben von der Differenz zwischen Kredit- und Guthabenzinsen. Anders als *Deutsche Bank* & Co betreiben sie keinen spekulativen Eigenhandel, ob mit Währungen oder Derivaten. Allerdings legen Alternativbanken auch einen Teil ihrer Einlagen auf dem Kapitalmarkt an, weil sie nur einen Teil der Einlagen als Kredite ausreichen dürfen. Der Rest gilt als Liquiditätspuffer und muss schnell verfügbar sein.

Wer meint, dass ethische Geldanlage nur etwas für Bessergestellte mit hohem Sparkonto ist, der irrt. Schließlich besitzt fast jeder volljährige Bürger heute ein Girokonto und kann schon mit den regelmäßigen Eingängen von Gehalt oder Rente das Geschehen beeinflussen. Das liegt an der Art und Weise unserer modernen Geldschöpfung, für die überwiegend Geschäftsbanken verantwortlich sind. Ihr Rohstoff dafür ist das Geld ihrer Kunden auf den Konten. Der Mechanismus: Nimmt jemand bei der Bank beispielsweise zum Kauf einer Wohnung ein Darlehen von 200 000 Euro auf, überträgt die Bank den Betrag auf sein Konto. Damit schafft diese Bank 200 000 Euro wie aus dem Nichts. Der Wohnungskäufer überweist dann das Geld auf das Konto des Verkäufers. So zirkuliert es, bis der Hauskäufer sein Darlehen zurückbezahlt hat. Erst dann verschwindet dieses Geld wieder. Um hundert Euro dieses Bankengeldes zu erzeugen, haben die Geldhäuser im Euroraum zurückliegend gerade einmal 2,50 Euro Zentralbankgeld benötigt.

»Das Gesetz des Handelns liegt bei den Banken. Die Banken bestimmen, wie viel Geld per Kredit erzeugt wird oder auch gelöscht wird«, sagt der Soziologe Joseph Huber. Was mit dem Geld geschieht, bestimmt ohnehin die Bank! Und was die Banken machen, dürfte vielen missfallen. Die *Deutsche Bank* und die *ING Diba Bank* gehörten beispielsweise zu den Finanziers des japanischen Konzerns *Tepco*, der das Kernkraftwerk in Fukushima betreibt.

Mit der Auswahl seiner Bankverbindung kann Otto Moralverbraucher also die Geldverwendung bis zu einem gewissen Grad beeinflussen. Allerdings interessiert dies nur wenige Verbraucher. In Deutschland agieren gerade einmal vier der mehr als tausend Banken im engeren Sinne sozial-ökologisch. In der Schweiz gibt es zwei solcher Institute, in Österreich bisher keines. Weltweit ist die Zahl der alternativen Banken überschaubar. Gerade einmal 24 Institute haben sich in der *Global Alliance on Banking on Value* zusammengeschlossen, dem größten Bündnis von Alternativbanken. Die sozial-ökologischen Banken haben – gemessen an ihrem Volumen – nur einen winzigen Einfluss auf das Wirtschaftsgeschehen. Sie sind trotzdem wichtig, weil sie täglich im Kleinen beweisen, dass ein anderes Bankgeschäft möglich ist.

Nach der Finanzkrise hatten selbst konventionelle Unternehmensberater erwartet, dass gewöhnliche Banken sich einiges abschauen würden bei den grünen und ethischen Emporkömmlingen, beispielsweise in puncto Transparenz. Sie lagen falsch. Geschehen ist wenig. Wer das Geschäftsmodell der konventionellen Banken verändern will und ausschließen will, dass er bei der nächsten Bankenkrise erneut als Steuerzahler belastet wird, der muss sich politisch einmischen.

Es liegt nämlich in der Natur der Sache, dass Kapitalmarktakteure kein Interesse an stabilen Finanzmärkten haben. Je mehr die Märkte schwanken, desto höhere Gewinne können sie machen. Schon deswegen ist es naiv, auf eine freiwillige Selbstbeschränkung von Spekulanten zu setzen. Notwendig ist ein Regelkorsett für die Finanzakteure, doch das muss die Politik beschließen.

Stimmenballung bei wenigen: Die Geldanlage

Bereits im 18. Jahrhundert versuchten Menschen mit ihrem Boykott bestimmter Anlagen zu verhindern, dass mit ihrem Geld wirtschaftliche Entwicklungen gefördert werden, die sie für verwerflich hielten. Die Zehn Gebote des Neuen Testaments waren für die Methodisten, eine protestantische Kirche, der Maßstab ihres Handelns, auch bei der Geldanlage. Entsprechend boykottierten sie Investments in Brauereien, Schnapsbrennereien, Glücksspiel und Bordelle. Und als

wenig später überzeugte Quäker eine betriebliche Altersvorsorge für ihre Mitarbeiter in den USA und Großbritannien einrichteten, verboten sie den Erwerb von Aktien von
Rüstungsunternehmen und Anleihen der Staaten, die Armeen
unterhielten. Bereits 1928 gründete der amerikanische Wirt-
schaftsjournalist Philip L. Carret einen Fonds mit ähnlicher
Zielsetzung, der jedem Anleger offenstand, der sein Erspartes
in keine Konzerne investieren wollte, die Geschäfte mit
Tabak, Rüstung, Glücksspiel, Alkohol und Pornografie
machten. Heute gibt es zahlreiche Geldanlagen, bei denen
bestimmte Investments boykottiert werden. Sie sind in Nega-
tivlisten erfasst.

Anleger können mit dem Boykott von Finanzkontrakten
vor allem bei Neuemissionen von Aktien oder Anleihen theoretisch gehörigen Einfluss nehmen, z.B. dadurch dass sie einem Staat ihr Geld vorenthalten, der einen ungerechten Krieg
über Anleihen finanzieren will, oder einem Unternehmen die
rote Karte zeigen, das mittels Anleiheemission seine Produktion ins Ausland verlagern will, wo es straffrei gegen international anerkannte Umwelt- oder Sozialstandards verstoßen
kann. Umgekehrt haben Anleger übrigens keinen Einfluss
mehr auf Unternehmen und Staaten, wenn deren Anleihen
und Aktien bereits im Umlauf sind. Wer diese Papiere jetzt an
der Börse boykottiert, schädigt damit direkt nur denjenigen,
der sie besitzt, aber keinesfalls den Emittenten. Nur wenn eine
sehr große Zahl von Anlegern bestimmte Papiere boykottiert,
kann sich dies auf den Kurs und das Image eines Unternehmens, also indirekt auf dessen Wert auswirken. Allerdings
spricht aus ethischer Perspektive trotzdem etwas gegen den

Kauf von im Umlauf befindlichen Aktien oder Anleihen problematischer Unternehmen. Schließlich verzichtet der Anleger damit auf Dividenden oder Kursgewinne aus Geschäften, die er nicht unterstützen will.

In der Praxis hat Otto Moralverbraucher als Anleger jedoch nur einen äußerst geringen Einfluss: Anders als Großinvestoren wie Warren Buffett oder George Soros verfügt er eben über kein Milliardenvermögen, um Unternehmen und Märkte zu beeinflussen. Außerdem sind die meisten Anleger schon damit überfordert, die Spreu vom Weizen zu trennen. Wer sein Geld nachhaltig investieren will, vertraut meist auf Fonds und überlässt deren Experten die Auswahl. Sie treffen – bewusst oder unbewusst – immer wieder Fehlentscheidungen, die nicht im Sinne ethischer Geldanleger sind. Bestes Beispiel ist der Mineralölkonzern *BP.*

Das Management hatte jahrelang sein grünes Image aufpoliert, benannte sich sogar um von *British Petroleum* in *Beyond Petroleum* (»Mehr als Öl«). Damit wollte er sein Engagement bei alternativen Energien herausstreichen. Gleichzeitig legte der Konzern die Grundlage für eine schwere Umweltkatastrophe. Weil er an Sicherheitsmaßnahmen sparte, kam es im Jahr 2010 zu einer schweren Ölkatastrophe im Golf von Mexiko. Erst jetzt bemerkten viele grüne Anleger, dass sie mit ihrem Geld bei einem Umweltsünder beteiligt waren, weil ihr Fonds dessen Aktien gekauft hatte. Eine vernichtende Bilanz über das Verständnis von Nachhaltigkeit zog das *Manager Magazin*, Lieblingslektüre vieler Wirtschaftsbosse: Die Explosion auf der *Deepwater Horizon* habe nicht nur die Machbarkeitsfantasien der Ölindustrie bloßgelegt, sondern auch »jenes fehlgeleitete Verständnis von Nachhaltigkeit, das sich in den vergangenen Jahren in vielen Konzernen eingebürgert hat und das sich überspitzt so beschreiben lässt: Starte möglichst viele Projekte, die dein Unternehmen verantwortungsbewusst gegenüber Umwelt, Mitarbeitern, Kunden und der Gesellschaft dastehen lassen. Rede möglichst laut über diese Aktivitäten. Sorge dafür, dass dein Unternehmen in den entsprechenden Rankings gut dasteht. Treibe mit dem Image der Nachhaltigkeit deinen Aktienkurs nach oben. Aber lasse auf keinen Fall zu, dass der ganze Öko- und Sozialklimbim deine Profitabilität beeinträchtigt!«.

Im heutigen Finanzkapitalismus haben vor allem große Kapitalsammelstellen wie Hedgefonds, Pensionsfonds oder Versicherungen eine Menge Einfluss. Sie halten Schätzungen zufolge zum Beispiel in den USA und Großbritannien rund 70 Prozent der Unternehmensbeteiligungen.

Manche versuchen ihn für positive Veränderungen zu nutzen. Als Paradebeispiel gilt der norwegische Staatsfonds, der spätere Generationen an den heutigen Öleinnahmen des Landes beteiligen soll, wenn die Quellen erschöpft sein werden – ein zumindest gesellschaftlich betrachtet nachhaltiges Modell. Der Fonds hat einen »Rat für ethische Fragen« eingerichtet, dem Experten für Menschenrechte, Ökologie, Völkerrechte und Finanzen angehören. Sie nehmen jedes Jahr 3000 bis 4000 Unternehmen unter die Lupe und sprechen Empfehlungen für den Kauf oder Verkauf aus. Der Pensionsfonds hat seit 2004 schon mehr als zwei Dutzend Unternehmen aus seinem Portfolio gestrichen, meistens wegen Tätigkeiten im Rüstungssektor. Aussortiert wurden die beiden größten Flugzeugbauer

Boeing und *EADS* ebenso wie der Streumunitionsproduzent *Hanwha* oder die beiden Firmen *Serco* und *GenCorp*, die an der Produktion von Atomwaffen beteiligt sind. Abgestraft wurde mit *Wal Mart* der größte Einzelhandelskonzern, weil er bei Zulieferern Kinderarbeit toleriert, im eigenen Unternehmen Frauen diskriminiert und versucht hatte, die Aktivitäten von Gewerkschaften zu unterdrücken.

Bei einem Amoklauf tötete ein 20-Jähriger an einer Schule im US-Bundesstaat Connecticut 27 Menschen. Wenig später kündigte der Investmentfonds *Cerberus* den Verkauf seiner Beteiligung an *Freedom* an, also der Waffenfirma, die das Sturmgewehr des Täters hergestellt hatte. Zuvor hatte ein kalifornischer Pensionsfonds für Lehrer Druck auf das Management von *Cerberus* ausgeübt: Man wolle die private Altersvorsorge für Lehrer nicht mit Geschäften eines Unternehmens verdienen, das Waffen produziert, mit denen auf Schüler und Lehrer geschossen wird. Das zeigte wieder einmal den Einfluss von Kapitalsammelstellen – sie übten erfolgreich Druck auf die Waffenlobby aus, an der die Politik schon mehrfach gescheitert ist. Solange sich jedoch noch ein Käufer für die Waffenfirma findet, ändert sich praktisch nichts. Es ist fraglich, ob sich unter den derzeitigen Gegebenheiten überhaupt etwas ändern wird. Wohl noch nie gab es in der Geschichte der Menschheit so viel Geld, das Privatpersonen anlegen wollten. Noch vermehrt sich dieses Geld größtenteils auf schädliche Art und Weise.

Wer mit seiner Geldanlage den gesellschaftlichen Umbau zu einer nachhaltigen Wirtschaft unterstützen will, hat dafür drei Hebel. Er kann dazu beitragen, dass Menschen für Projektideen

Geld erhalten, die nach den Kriterien der Mainstream-Finanziers keine Chance hätten. Als Vehikel eignen sich direkte Kredite oder Investments wie der Kauf von Genossenschaftsanteilen, Genussscheinen, geschlossene Fonds, zweckgebundene Unternehmensanleihen oder Mikrokredite. Weitere Hebel sind die Rendite und Sicherheit. Nur wenn Anleger für die Umsetzung sozialer oder ökologischer Ideen ganz oder teilweise auf die marktübliche Verzinsung verzichten oder mit ihrem Geld ein relativ höheres Risiko eingehen, werden schneller grüne und soziale Projekte umgesetzt. Dann erhält auch derjenige Unternehmer Kapital zur Realisierung seiner Idee, der die von gewöhnlichen Investoren verlangte Rendite nicht zahlen könnte.

Jeder zweite Bundesbürger ist laut Umfragen bereit, sein Geld nach ethischen Gesichtspunkten anzulegen. Tatsächlich sind in Deutschland aber erst ein Prozent der Geldanlagen nach ethischen und nachhaltigen Vorstellungen investiert, in Europa sind es vier Prozent. Da klafft noch eine gewaltige Lücke zwischen guter Absicht und Handeln bei Otto Moralverbraucher.

Boykott: Eine Bilanz

Noch nutzen die wenigsten Verbraucher das Boykott-Potenzial: In den USA nahm nur etwa jeder vierte Verbraucher zwischen 1999 und 2004 mindestens einmal an einem Boykott teil, in Kanada waren es 19 Prozent, in Großbritannien 16,6 Prozent, in Frankreich 13 Prozent und in Deutschland sogar nur 8,3 Prozent. Diese Zahlen nennt der Wissenschaftler Stefan Hoffmann nach Auswertung des World Values Survey in seiner Dissertation »Boykottpartizipation«.

Schon diese Minderheit bewirkt punktuell einiges, was die Beispiele gezeigt haben. Allerdings ist es wegen fehlender empirischer Daten schwierig, eine Gesamtbilanz zu ziehen. Einen ersten Anhaltspunkt liefert das britische Magazin *Ethical Consumer*. Es listet 62 angeblich erfolgreiche Boykotte aus der Zeit von 1986 bis 2009 auf; dazu gehört der Verzicht von *General Motors* auf den Einsatz von Tieren bei Crashtests, der Stopp von Tierversuchen beim Kosmetikhersteller *Avon* oder der Verkaufsstopp von Gänseleber bei *Harvey Nicholas*. Erfolgreiche Boykottaktionen gab es demnach vor allem bei emotional besetzten Themen wie Gesundheit oder Tierschutz.

Der US-Wissenschaftler Monroe Friedman hat in dem Buch *Consumer Boykotts* einen der seltenen Versuche unternommen, den Einfluss von Boykotten auf das Verhalten von Unternehmen empirisch zu belegen. Er nahm dazu 90 Aktionen aus dem Zeitraum von 1970 bis 1980 unter die Lupe, wertete Presseberichte und Aktienkurse aus. Unter den Aktionen waren Boykottaufrufe von Gewerkschaften, Minderheiten, religiösen Gruppen, Konsumentengruppen, Frauenrechtlerinnen, Kriegsgegnern oder Gesundheitsgruppen. Häufig unterstützten mehrere NGOs ein Anliegen. Die Aktivisten bewirkten in einem Viertel der Fälle etwas. Eine etwas höhere Erfolgsquote ermittelten Wissenschaftler um Wallace N. Davidson 1995: Von 59 boykottierten Unternehmen versprach jedes Dritte, die kritisierten Missstände zu beheben, was allerdings noch kein Beleg dafür ist, dass sie es am Ende tatsächlich auch taten.

Wissenschaftler messen die Wirksamkeit eines Boykotts auch daran, wie sich der Aktienkurs eines Unternehmens entwickelt, jedoch mit widersprüchlichen Ergebnissen: Friedman beobachte in 16 von 21 Fällen eine Kaufzurückhaltung der Investoren: Der Aktienkurs der Firmen gab nach der Boykottandrohung nach. Andere Wissenschaftler stellten dagegen einen leichten Anstieg des Aktienkurses nach einer Boykottankündigung fest. Dafür gibt der Wissenschaftler Hoffmann eine Erklärung: Möglicherweise hätten betroffene Unternehmen Gegenmaßnahmen zur Pflege des Aktienkurses getroffen und beispielsweise eigene Papiere an der Börse gekauft, um die Wirkung des Boykotts zu verhindern. Doch das seien Spekulationen, es fehlten die Belege für diese These.

Besonders schwierig ist der Einfluss von Sekundärboykotten zu beurteilen, bei denen Verbraucher durch den Boykott von Unternehmen indirekt Staaten beeinflussen wollen, wie bei dem Boykott gegen das Apartheidregime in Südafrika oder gegen die Militärmachthaber in Burma.

Die Kampagne für ein freies Burma, die Exilanten Anfang der Neunzigerjahre in den USA starteten, rief zum Boykott internationaler Unternehmen auf, die in ihrer Heimat produzierten. So sollte das dortige Militärregime geschwächt werden. Die Aktivisten zählten diverse Marken auf, die in dem Land produzierten, darunter *Adidas*, *Warner Bros*, *Tommy Hilfiger* oder *Fila*. Rund tausend Fabriken gab es, in denen etwa eine halbe Millionen Menschen tätig waren. Mit dem Boykott von Pepsi Cola und anderen Unternehmen mit bekannten Marken wurde die zunächst vor allem im Internet tätige *Free Burma Coalition* eine bedeutende Menschenrechtskampagne.

In Europa mobilisierten die Aktivisten vor allem mit der Kampagne gegen den Schweizer Kleiderhersteller *Triumph* die Öffentlichkeit. »Stützt Brüste, nicht Diktatoren«, forderten Demonstranten regelmäßig vor vielen Einkaufshäusern.

Tatsächlich zog sich *Triumph* nach einigen Jahren der Proteste 2002 aus Burma zurück. Insgesamt verließen mehr als hundert Konzerne im Laufe der Zeit das Land, darunter *Pepsi Cola, Eastman Kodak, IBM, Disney* und *Texaco*. Das Regime saß trotzdem fest im Sattel, weswegen die Aktivisten ihre Taktik in Frage stellten, zumal tausende Menschen ihren Arbeitsplatz verloren hatten. 2011 leiteten die Militärmachthaber doch noch eine Öffnung des Landes ein. Man weiß nicht, welche Faktoren für sie ausschlaggebend waren: der Protest der eigenen Bevölkerung, der politische Druck anderer Staaten oder wirtschaftliche Schwierigkeiten, die durch den Rückzug von Konzernen verursacht worden waren? Wahrscheinlich war es eine Mischung aus allem. Der Boykott von Verbrauchern ist eben nur ein Hebel von vielen, um gesellschaftliche Veränderungen herbeizuführen. Das war schon in den Kindertagen des Boykotts so, bei den Protesten gegen den Sklavenhandel in England.

Die größte Stärke des Verbraucherboykotts ist zugleich seine größte Schwäche. Schlagkraft entwickelt der Käuferstreik, wenn die Konsumenten ein prominentes Unternehmen oder Produkt herausgreifen. Entsprechend beschränken sich die Aufrufe für Boykotte meist auf große, bekannte Marken. Wer als Verbraucher an einem Boykott teilnimmt, hilft entsprechend, die öffentliche Aufmerksamkeit auf ein Problem zu richten. Der Großteil des Geschehens bleibt aber im Dunkeln.

Entsprechend sind Boykotte selektiv und immer auch ein Stück willkürlich. So gehörte die *Brent Spar* neben *Shell* auch dem Konkurrenten *Esso*, was allerdings in der damaligen Auseinandersetzung keine Rolle spielte.

Verbraucher laufen einer kritischen Entwicklung regelmäßig hinterher. Sie boykottieren eine Firma, um häufig dann einige Jahre später zu erfahren, dass ihre neue Bezugsquelle ebenfalls fragwürdig agiert. Und ein Großteil der Konzerne ist ohnehin immun gegen einen Käuferstreik.

Das Instrument des Boykotts eignet sich nur als Teil einer umfassenden Antwort: Wer als Bürger etwas verändern will, ist auch als Wähler und vor allem als Akteur der Zivilgesellschaft gefragt, nicht nur als Konsument. Denn kein noch so aufgeklärter und kritischer Verbraucher kann Umwelt- und Sozialstandards definieren und über deren Einhaltung wachen – das ist und bleibt eine Aufgabe des Staates oder internationaler Organisationen. Außerdem wehren sich Konsumenten mit einem Boykott naturgemäß meist nur gegen Bestehendes, was nicht zwangsläufig eine konstruktive gesellschaftliche Veränderung befördert: Durch den Boykott eines Ölkonzerns entsteht noch kein einziges Windkraftrad. Für einen gesellschaftlichen Fortschritt bedarf es in vielen Fällen der Schaffung oder Förderung alternativer Entwicklungen in der Gesellschaft. Damit haben sich Aktivisten auch frühzeitig beschäftigt: Sie setzten neben dem Boykott deswegen auch schon beim Kampf gegen die Sklaverei auf den gezielten Kauf von Waren, einen sogenannten Buykott.

Vom Instrument zum Politikersatz

Das Vertrauen der Bürger in politische Lösungen hat abgenommen. Fragt man sie, welchen Institutionen sie vertrauen, bewerten sie Parteien und Parlamente vergleichsweise schlecht. Besser stufen sie dagegen regelmäßig Institutionen ein, deren Vertreter sie nicht wählen können: staatliche Institutionen wie Zentralbanken und Verfassungsgerichte oder private wie NGOs. Manch einer ist skeptisch, ob politisch gewählte Repräsentanten die Gesellschaft tatsächlich noch in ihrem Sinne gestalten. Andere zweifeln daran, dass Politiker überhaupt noch die Macht haben, es zu tun. Die Politikverdrossenheit ist groß. Der Versuch, das Geschehen mit dem Einkaufswagen zu beeinflussen, erfreut sich steigender Popularität unter den Bürgern. »Aus Sicht des politisch interessierten Verbrauchers ist es eine Möglichkeit, mit der eigenen Ohnmacht-Erfahrung im politischen Raum umzugehen«, sagt Oliver Geden, der sich bei der *Stiftung für Wissenschaft und Politik* mit Fragen des Konsums beschäftigt hat.

Das weit verbreitete Misstrauen gegenüber der politischen Gestaltungsmacht der Regierungen kann niemanden überraschen, schon gar nicht die Politiker selbst. Sie schüren selbst gehörig die Zweifel an ihren eigenen Möglichkeiten, wenn sie die Verantwortung für Krisen anonymen Kräften in die Schuhe schieben. Das machen sie regelmäßig, indem sie von versagenden Märkten oder fehlenden Regulierungen sprechen, oder gleich das System oder die Zwänge der Globalisierung für bestimmte Fehlentwicklungen verantwortlich machen. Es wirke wie ein »abstrakter Feind, der unüberwindbar klingt wie Militärmacht und Mauern des Kalten Krieges«, sagte Bundespräsident Joachim Gauck bei einer Tagung der *Süddeutschen Zeitung* und warnte vor den fatalen Folgen einer solchen Argumentationsweise: In einer solchen Welt »gibt es niemanden, mit dem man verhandeln, Kompromisse finden, Kooperation entwickeln oder gar Frieden schließen könnte.«

Die Medien stellen politische Prozesse häufig als ein Wechselspiel politischer Eliten, bisweilen sogar weniger Politiker dar und fördern damit die Politikverdrossenheit. Dabei ist es ein Trugschluss, zu glauben, dass Kanzlerin Angela Merkel mal eben allein im stillen Kämmerlein den Euro-Kurs Europas oder den Ausstieg aus der Atomenergie beschließt. Dass regelmäßig hinter dem Handeln von Politikern und deren Parteien ein gehöriger und ausdauernder Druck von Bürgern, Initiativen und der Parteibasis steht, kommt in der öffentlichen Wahrnehmung zu kurz.

Politiker wecken nicht nur Zweifel an ihren Handlungsmöglichkeiten, sondern schieben dem Bürger oft auch die Verantwortung zu, wenn es um gesellschaftlichen Fortschritt geht: Drei Viertel aller Abgeordneten in Deutschland halten es beispielsweise für eine Sache des Einzelnen, gesellschaftliche Veränderungen in puncto Umwelt- und Klimaschutz in Gang zu setzen. Geht es um Fortschritte bei der Gesundheitsversorgung und Prävention, plädieren sechs von zehn Abgeordneten für einen individuellen Verhaltenswandel. So steht es in der *Deutschen Parlamentarierstudie (DEUPAS)*, für die Wissenschaftler im Juni 2010 alle 2439 Abgeordneten der 16 Landtage sowie des Bundestages und die Stadträte der 80 größten deutschen Städte befragt hatten.

Und es sind beileibe nicht nur die Oppositionsabgeordneten, sondern interessanterweise auch viele Bundes- und Landtagsabgeordnete aus den jeweiligen Regierungsparteien, »die trotz ihrer Gestaltungsmöglichkeiten die Zuständigkeit für gesellschaftlichen Wandel den Bürgern selbst zuweisen«, schreiben die Autoren. Es gibt beachtliche Unterschiede zwischen den Parteien: Auf den Einzelnen setzen vor allem die Parlamentarier der FDP und der Grünen, es folgen CSU und CDU. Skeptischer sind dagegen die Abgeordneten bei den Parteien »Die Linke« und vor allem der SPD. Diese Haltungen spiegeln sich auch in den Parteiprogrammen wider, beispielsweise wenn es um die Rolle des Verbrauchers geht. Hier dominiert – abgesehen von der SPD – das Leitbild vom »mündigen Verbraucher«.

Der Kulturwissenschaftler Nico Stehr traut Konsumenten die Zähmung der Märkte zu. Zwei Trends hält er in diesem Zusammenhang für besonders wichtig: Aufgrund des rasanten Anstiegs des Lebensstandards habe sich der Handlungsspielraum der Konsumenten erhöht, da die Durchschnittsausgaben eines europäischen Haushalts für Grundbedürfnisse wie Nahrung, Kleidung und Unterkunft seit Anfang des 20. Jahrhunderts von 80 Prozent auf weniger als 33 Prozent gesunken seien. Außerdem seien die Menschen so gut informiert wie noch nie. Diese Sicht des Wissenschaftlers korrespondiert mit der Selbsteinschätzung der Konsumenten. Fragt man Verbraucher, ob sie heute mehr Macht gegenüber Unternehmen haben als früher, bejahen dies 57 Prozent (Trendstudie des *Otto*-Konzerns). Und nach einer Studie des *Meinungsforschungsinstituts Allensbach* halten sich 71 Prozent der Verbraucher für eine der »wichtigsten Instanzen«, um eine bessere Lebensmittelqualität zu schaffen. Bei vielen Gelegenheiten werden Konsumenten in dieser Sichtweise gestärkt, beispielsweise durch das Scheitern des Kopenhagener Weltklimagipfels 2009, einem traurigen Tiefpunkt der kollektiven Umweltpolitik. Zwei Tage später sagte die damalige Grünen-Fraktionsvorsitzende Renate Künast, nun müsse eben »jeder Einzelne vorangehen. Jeder Einzelne macht jetzt bei sich zuhause Kopenhagen.«

Die Politiker »verstecken sich fast vor den Bürgern«, so fassen es die Politikwissenschaftler Ulrich von Alemann, Joachim Kleves und Christina Rauh in der DEUPAS-Studie zusammen. Diese Studie zeigt, dass Parlamentarier ohne Selbstvertrauen in den Parlamenten die Verantwortung für die Gestaltung des politischen Wandels am liebsten den Bürgerinnen und Bürgern zuschieben wollen. Was ist die Ursache dieses politischen Offenbarungseids? Bei den einen sei es eine Ausweichstrategie, um zu verschleiern, dass sie etwas nicht durchsetzen könnten, und bei den anderen diene es dazu, zu verschleiern, dass man etwas nicht regulieren wolle, sagt Politikberater Geden. Er glaubt nicht, »dass es viele Politiker oder Parteien gibt, die ernsthaft glauben, dass die Veränderungen über den Konsum kommen«.

Es ist jedoch kein Zufall, dass der einzelne Marktteilnehmer eine besondere Konjunktur im Zeitgeschehen hat. Es liegt an einer gesellschaftlichen Entwicklung, die zunächst in der

Wissenschaft und dann in der Politik stattgefunden hat: einer generellen Ökonomisierung des Denkens und Handelns – die in den Hörsälen der Universitäten begann. Immer mehr individuelle und gesellschaftliche Vorgänge bewerteten die Ökonomen durch ihre Brille. Der Wirtschaftswissenschaftler Gary Becker stellte sogar die Heirat als einen Berührungspunkt der individuellen ökonomischen Nutzenfunktionen von Mann und Frau dar. Für seine Arbeiten erhielt der Amerikaner 1992 den Nobelpreis für Wirtschaft. Außerdem trieben die Ökonomen einen wirtschaftspolitischen Paradigmenwechsel voran: weg vom Keynesianismus mit seinem großen Staatseinfluss, hin zu neoliberalem Wirtschaftsreformen. Es blieb nicht bei der Theorie: Im Alltag fand eine ständige Ausweitung dessen statt, was die Gesellschaft über den Markt regelt und wofür jeder Einzelne entsprechend einen Preis zahlen muss. Selbst öffentliche Toiletten wurden privatisiert, beispielsweise in Bahnhöfen.

Kaufen kann man sich heute fast alles. Häftlinge wechseln in den USA gegen einen Aufpreis von 82 Dollar je Nacht in eine komfortablere Zelle. Ausländer, die eine halbe Million Dollar auf den Tisch legen und versprechen, wenigstens zehn Jobs in einer Gegend mit hoher Arbeitslosigkeit zu schaffen, erhalten eine »Green Card« für die USA, dürfen sich also dauerhaft dort aufhalten. Jäger, die 150 000 Dollar zahlen, dürfen in Südafrika ein Nashorn schießen, das ansonsten geschützt ist. Reihenweise listet der Autor Michael J. Sandel solche Beispiele in *What Money can't buy* auf. In dieser Welt kommt dem Menschen in seiner Rolle als Konsument zwangsläufig eine immer größere Bedeutung zu, allerdings nur demjenigen, der über die notwendigen Mittel verfügt. Die gleiche Stimme hat jeder Einzelne im politischen System einer Demokratie nur als Bürger, auf dem Markt entscheidet die ungleich verteilte Kaufkraft.

Die Politik selbst hat die Spielregeln geändert und die Ausbreitung des Marktes gefördert. Auslöser war die Wirtschaftskrise Anfang der Siebzigerjahre. Die alten ökonomischen Rezepte wirkten nicht mehr. Mit der einsetzenden Globalisierung verloren die Industrieländer in einigen Bereichen ihre dominante Stellung in der Weltwirtschaft, ganze Industriezweige wie die Textilindustrie oder Unterhaltungselektronik verlagerten ihre Fertigung in Billiglohnländer. Die politischen Eliten in den früh industrialisierten Ländern waren verunsichert. Bei der Suche nach einem Ausweg aus der steigenden Arbeitslosigkeit, Wachstumsschwäche und teils hoher Inflation vertrauten viele Politiker nun auf die Konzepte von Wissenschaftlern, die auf eine neoliberale Politik setzten, darunter waren Konservative und Liberale, aber auch Sozialdemokraten. Wichtigste Denkschmiede war die Chicago School, die reihenweise Nobelpreisträger hervorbrachte, als einflussreichsten wohl Milton Friedman. Eine begeisterte Leserin seiner Werke war die britische Premierministerin Margret Thatcher, die passenderweise propagierte: »Ich kenne keine Gesellschaft, nur Individuen.«

Auf mehr Markt und weniger Staat setzten auch der US-Präsident Ronald Reagan und bald die meisten Regierungen in den westlichen Demokratien sowie die maßgeblichen internationalen Wirtschaftsakteure Internationaler Währungsfonds, Weltbank, OECD oder EU-Kommission. Sie schafften Mechanismen ab, die ihre Vorgänger einst zum Schutz von

Arbeit, Geld, Land und Natur vor ungeregelten Marktkräften geschaffen hatten. Der Historiker Tony Judt bezeichnete den radikalen Umschwung in den Haltungen und Erwartungen dieser Generation von Politikern als einen gravierenden Fehler: »Es ist eine Sache, mit Sorge an die Finanzierbarkeit eines guten Systems zu denken, etwas ganz anderes ist es, den Glauben an das System ganz zu verlieren.«

Die gesellschaftliche Entwicklung beschleunigte sich in den Neunzigerjahren nach dem Zusammenbruch der sozialistischen Planwirtschaft. Internationale Konzerne drängten auf eine globale Öffnung der Märkte: Kreditkartenunternehmen wollten endlich weltweit unbeschränkt Geschäfte machen; Pharmakonzerne forderten einen weltweit wirksamen Schutz für ihre Patente und Investoren verlangten einen umfassenden rechtlichen Schutz ihrer Investments. Zu den Verlierern der Entwicklung zählten viele Arbeitnehmer im Norden, deren Jobs verlagert wurden und deren Löhne unter Druck kamen. Gewinner waren die Kapitalbesitzer, die ihre Interessen häufig gegen die Vorstellungen von Nationalstaaten und Gewerkschaften durchsetzen konnten. Immer wieder setzten die Kapitalbesitzer ihre Interessen durch, indem sie damit drohten, bei Gesetzesänderungen Investitionen künftig in andere Länder zu verlagern. Diese Machtverschiebung zeigt sich auch daran, dass beispielsweise der Anteil der Kapitalbesitzer am Volkseinkommen in Deutschland stieg, während der Anteil der lohnabhängig Beschäftigten abnahm.

In Sonntagsreden sprechen Befürworter einer neoliberalen Politik viel über die Bedeutung des Wettbewerbs. In der Realität nimmt der Wettbewerb jedoch häufig ab, womit die Wahlmöglichkeiten der Konsumenten und entsprechend ihr Einfluss sinken. Das ist ein altes Thema, welches neu an Relevanz gewonnen hat. Es gebe einen tiefen »Trieb zur Beseitigung von Konkurrenz und zur Erwerbung von Monopolstellungen überall und zu allen Zeiten«, schrieb der Ökonom Walter Eucken in seinem in den Fünfzigerjahren erschienenen Klassiker *Grundsätze der Wirtschaftspolitik*. Der Prototyp dafür ist John D. Rockefeller. Der Magnat kontrollierte mit seinem Konzern *Standard Oil Company* 1891 fast vollständig den Export von Benzin aus den USA und mehr als zwei Drittel des Weltmarktes. Die Politik ließ ihn gewähren: Denn schon damals gab es eine Phase, in der eine möglichst ungeregelte als die beste, weil effizienteste Wirtschaft galt.

In vielen Ländern entstanden mächtige Kartelle. Dann erkannten die Politiker in den beiden damals dominierenden Wirtschaftsregionen USA und Europa jedoch, wie schädlich eine solche Wirtschaftsstruktur ist. Auf der einen Seite häuften Monopolisten hohe Gewinne an, während unternehmerische Innovationen unterblieben. Anfang des 20. Jahrhunderts steuerten sie um. Der amerikanische Gerichtshof ordnete gar die Zerschlagung von *Standard Oil* an, zu 34 eigenständigen Unternehmen. Jetzt verabschiedeten diverse Regierungen Kartellgesetze und gründeten Aufsichtsbehörden.

Seit dem Siegeszug des neoliberalen Gedankenguts gab es erneut ein Umdenken in der Politik. Den Prozess und seine Folgen beschreibt der Politologe Colin Crouch so: Der Wettbewerb wurde nicht mehr als Prozess betrachtet, der eine Vielfalt konkurrierender Anbieter, nahezu perfekte Märkte und reichhaltige Wahlfreiheit für die Konsumenten garantieren sollte. Stattdessen sollten Gesetzgeber und Ökonomen ihn ergebnisorientiert betrachten. An die Stelle der liberalen Idee der Wahlfreiheit der Konsumenten trat damit die paternalistische Sorge um deren Wohlstand, der zufolge der Verbraucher vor allem von sinkenden Preisen profitiere, »die natürlich eher von Großkonzernen als von kleinen und mittleren Unternehmen gewährleistet werden können«. Diese Entwicklung förderte die Konzentration bei den Firmen. Je weniger Anbieter es für ein bestimmtes Produkt gibt, desto weniger Einfluss haben logischerweise Konsumenten. Im Extremfall des Monopols haben sie nur noch eine Wahl: kaufen oder nicht kaufen.

In der Realität ist es zu einer gehörigen Konzentration in vielen Wirtschaftsbranchen gekommen und ein Ende der Entwicklung ist nicht in Sicht. International tätige Konzerne kontrollieren allein zwei Drittel des Welthandels. Ihre Umsätze übersteigen die Staatshaushalte vieler Länder. Solche Firmen sind so mächtig, dass es vielen Staaten schwerfällt, ihnen Grenzen zu setzen. Selbst die USA oder die EU tun sich beispielsweise schwer damit, die Finanzkonzerne zu bändigen.

In den Neunzigerjahren wurde erheblicher Widerstand gegen diese Art und Weise der wirtschaftlichen Globalisierung sichtbar. Aktivisten forderten neue Regeln für die Weltwirtschaft. Fälschlicherweise sprechen viele von Globalisierungsgegnern, besser wäre es, von Altermondialisten zu sprechen. Ein Höhepunkt erreichte die Bewegung mit den Protesten gegen die Konferenz der Welthandelsorganisation, WTO in Seattle 1999. Es entstanden ganz neue Organisationen, wie *Attac*, die z.B. eine Steuer auf Finanztransaktionen forderten. Der politische Widerstand der Zivilgesellschaft gegen die Entwicklung des Wirtschafts- und Finanzsystems verebbte jedoch nach einiger Zeit auf der Weltbühne und flammte erst wieder nach dem Ausbruch der Finanzkrise für einige Zeit auf. Diese Krise ist auch ein Resultat der falschen Politik, die einseitig auf die Verheißungen des neoliberalen Paradigmas ausgerichtet ist. Wer auf eine andere Politik setzt, der muss sich politisch betätigen. Der Konsument ist machtlos, wenn es um die Gestaltung der gesellschaftlichen Regeln geht.

Wer gezielt einkaufte oder Waren boykottierte, der wollte ursprünglich politische Änderungen erreichen: das Ende der Sklaverei, eine bessere Bezahlung für Arbeitnehmer, gleiche Bürgerrechte für Schwarze oder schärfere Umweltgesetze. Wer heute strategisch einkauft, verbindet damit oft kein politisches Anliegen, sondern denkt an seine persönliche Gesundheit oder seinen Status.

Wissenschaftler beobachten erstaunliche Verhaltensweisen: So greifen Verbraucher eher zu korrekten Waren mit Signalcharakter für ihr Umfeld, wie z.B. den Wagen mit Hybridantrieb oder die Solaranlage auf dem Dach, statt zu fairen Produkten, die im Kühlschrank für niemand sichtbar landen. Verbraucher greifen auch eher im Laden zu grünen Produkten als online, weil sie beobachtet werden. Verkaufsfördernd kann es sogar wirken, wenn die grüne Alternative teurer ist als das konventionelle Produkt. Wer es kauft, demonstriert damit, dass er es sich leisten kann. Mit solchen Verbrauchern lassen sich gute Geschäfte machen, zumal sie oft auch noch überdurchschnittlich verdienen. Allerdings ist es mehr als fraglich, ob sich die Gesellschaft mit diesen Leuten nachhaltig verändern lässt.

Der Ausbau der Konsumentenmacht

Buykott: Korrektes Einkaufen im Wilden Westen

Der amerikanische Quäker Benjamin Lundy kämpfte als Herausgeber diverser Zeitungen vor allem mit der Feder gegen die Sklaverei. Als 37-Jähriger griff er dann aber in den Handel ein, um die Lage der Sklaven zu verbessern. Er gründete 1826 in Baltimore einen sogenannten »*Free Produce*« *Store*: Das Sortiment des neuartigen Ladens umfasste nur Waren, die freie Arbeiter und Bauern produziert hatten. Gleichgesinnte eröffneten bald weitere fünfzig solcher Läden in acht Bundesstaaten wie z.B. Ohio, Indiana und New York. Sie verkauften Kleidung und Kurzwaren, einige boten auch Schuhe, Eiscreme und Süßigkeiten an.

Die alternativen Händler organisierten sich auch landesweit und gründeten die Dachorganisation *American Free Produce Association*. Sie gab das Magazin *Non Slaveholder* heraus, in dem Verbraucher lesen konnten: »Wenn wir unsere Ohren spitzten, um unsere Verantwortung zu hören, oder unsere Augen öffneten, sähen wir die Sklaverei auf jedem Barrel Southern Zucker.« Das klang wie bei John Woolman, der sich ein halbes Jahrhundert zuvor selbst nach korrekter Ware umgeschaut hatte. Die neuen Händler wollten ihren Zeitgenossen den korrekten Einkauf erleichtern. Der Kampf gegen die Sklaverei erschien ihnen dringlicher denn je.

Zum Zeitpunkt der Unabhängigkeit im Jahre 1776 hatte es in den Vereinigten Staaten insgesamt rund 460 000 Sklaven gegeben. Während die Nordstaaten die Sklaverei in der Folgezeit sukzessive abschafften, stieg die Zahl der Sklaven in den Südstaaten jedoch aufgrund des hohen Bedarfs auf vier Millionen Sklaven an. Hier mehrten sich sogar die Stimmen derjenigen, die eine Ausdehnung der Sklavenwirtschaft auf andere Bundesstaaten forderten. Denn 1793 hatte man eine Maschine zum automatischen Trennen der Baumwollfasern erfunden. Die Plantagenbesitzer mussten die Sklaven nun nicht mehr zum aufwendigen Rupfen der Baumwolle per Hand einsetzen, sondern nur noch als Pflücker auf den Feldern. Seitdem war ihre Baumwollproduktion erst wirklich profitabel – entsprechend eifrig expandierten sie.

In der Praxis war es für die alternativen Händler ziemlich schwierig, geeignete Waren für ihre Läden zu beschaffen. Ihre Kunden waren zwar bereit, für eine humanere Wirtschaftsweise mehr zu zahlen, wollten aber keine Abstriche bei der Qualität machen. Das Konzept blieb in der Bewegung umstritten. Nach Ansicht von Kritikern wandten die Ladenbesitzer und deren Kunden zu viel Zeit und Mühen für den Einkauf auf. Das Kernanliegen – der Kampf gegen die Sklaverei – drohe auf der Strecke zu bleiben, sagten sie und forderten alle auf, die politischen Verhältnisse zu verändern. Sie hatten weitere Kritikpunkte: Ärmere Leute könnten sich die ethisch einwandfreie Waren nicht leisten, weswegen das Vorgehen ungerecht sei. Außerdem sei es oft schwierig, klar zu unterscheiden, ob eine Ware von Sklaven oder freien Arbeitern hergestellt worden sei.

Diese Einwände spielen bis heute in Diskussionen über Sinn oder Unsinn von ethischem Konsum eine Rolle. Nachzulesen ist die Geschichte der »Free Produce« Stores in *Buying Power* des Historikers Lawrence B. Glickman. Die Free-Produce-Bewegung blieb überschaubar und war bald wieder vergessen. Ein Jahrhundert später fand die Idee jedoch Nachahmer. Edna Ruth Byler knüpfte – bewusst oder unbewusst – an die Tradition der Free-Produce-Stores an. Einst war es um den Verkauf von Waren gegangen, die ohne Sklavenarbeit hergestellt worden waren – jetzt ging es um den Verkauf von Waren aus Entwicklungsländern zu einem fairen Preis für die Produzenten. 1958 eröffnete Byler in Akron, im US-Bundestaat Pennsylvania, den ersten Fair Trade Shop. Angefangen hatte sie mit ihrem Handel 14 Jahre vorher.

Byler hatte ihren Ehemann bei einer Geschäftsreise nach Puerto Rico begleitet und einige Handarbeiterinnen kennengelernt, die für ihre Waren nur wenig Geld erlösten. Sie kaufte ihnen kurz entschlossen Waren für einen höheren Preis ab und bot sie daheim Verwandten, Nachbarn und Freunden an. Ihre Idee eines solidarischen Aufpreises kam an. Gleichgesinnte halfen ihr beim Direktimport und Verkauf der Waren – die Graswurzelbewegung *Self Help Crafts* entstand. Byler war Mennonitin und arbeitete bei dem Aufbau fairer Handelsstrukturen eng mit der Kirche zusammen, bereits 1952 verkaufte sie auf der Weltkonferenz der Mennoniten in Basel Handwerksprodukte. Die christlichen Kirchen sind bis heute einer der wichtigsten Unterstützer des fairen Handels. Die Organisation Bylers existiert unter dem Namen *Ten Thousand Villages* noch immer.

Auf Entscheidungen von Regierungen, gerechtere Handelsregeln umzusetzen, oder ein freiwilliges Umdenken der Unternehmen wollten auch andere Menschen nicht warten. Verschiedene Initiativen begannen in Europa mit fairem Handel. Ende der Fünfzigerjahre startete die britische Hilfsorganisation *Oxfam* mit dem Verkauf von Handwerksprodukten chinesischer Flüchtlinge in ihren Läden und gründete 1964 eine Importorganisation für fair gehandelte Waren. Drei Jahre später entstand in den Niederlanden eine Importorganisation, die heutige *S.O.S. Wereldhandel*. Sie spielte auch eine wichtige Rolle beim Aufbau des fairen Handels in Deutschland, Belgien, Österreich und der Schweiz. In den angelsächsischen Ländern sind die Wurzeln des fairen Handels also eher wohltätig begründet, in den kontinentaleuropäischen Ländern eher politisch.

Auf der Tagesordnung des Weltgeschehens stand in den Sechzigern die Lage der Entwicklungsländer, oft ehemaligen Kolonien, die erst kurz zuvor in die Unabhängigkeit entlassen worden waren. Die Kolonialstaaten hatten wenig Wert auf eine gute Bildung der Bevölkerung in den Kolonien gelegt oder auf die Schaffung einer industriellen Wertschöpfung durch eine Weiterverarbeitung der Rohstoffe und landwirtschaftlichen Erzeugnisse. Die Veredlung erfolgte meist im Mutterland, wo dementsprechend der größte Teil des Gewinns verblieb.

Die Entwicklungsländer pochten nach der Erlangung ihrer Eigenständigkeit auf gerechtere Regeln für den Warentausch.

Einer ihrer Wortführer war der brasilianische Bischof Dom Hélder Câmara: »Wenn die Länder des Überflusses den Entwicklungsländern gerechte Preise für ihre Produkte zahlen würden, könnten sie ihre Unterstützung und ihre Hilfspläne für sich behalten«, sagte er und forderte »Handel statt Hilfe«. Die Konferenz der Vereinten Nationen für Handel und Entwicklung (UNCTAD) übernahm 1968 in Delhi den Slogan und machte damit deutlich, dass auch sie eine Neugestaltung der Handelsbeziehungen zwischen Nord und Süd für notwendig hielt. Es ging um andere Austauschpreise und den Zugang zu den Märkten im Norden – beide Themen sind auch ein halbes Jahrhundert später noch aktuell. Von fairen Handelsbeziehungen zwischen Industrie- und Entwicklungsländern kann keine Rede sein und daran wird sich auf absehbare Zeit wohl auch wenig ändern. Schon die Verfahrensregeln für den internationalen Handel sind unfair, worauf die US-Ökonomen Joseph E. Stiglitz und Andrew Charlton in *Fair Trade* hinweisen: Bei Disputen begünstigen die Regeln der Welthandelsorganisation »de jure und de facto die entwickelten Länder«. Die Wut darüber ist groß.

»Ihr tötet uns«, schleuderte François Traoré den amerikanischen Abgesandten bei den Welthandelsgesprächen im mexikanischen Cancun 2003 entgegen. Er hielt ihnen die Milliardensubventionen für ihre eigenen Bauern vor und verschaffte sich mit seiner schonungslosen Analyse der Lage Respekt. Der wortgewaltiger Mann, Führer der Baumwollbauern-Union in Burkina Faso, ist ein Anwalt der Kleinbauern, die meist weder das Französisch der Gebildeten sprechen, noch in ihren Hütten über Strom oder Wasser verfügen. Er kennt sich bestens aus mit der Baumwollwirtschaft, dem wirtschaftlichen Rückgrat des westafrikanischen Binnenlandes. Gäbe es Freihandel, dann müssten die Baumwollbauern hier in der Sahelzone mehr Geld verdienen; denn die Qualität ihrer Ware ist exzellent und die Arbeitskosten gering. Aber tatsächlich ist der Wettbewerb verzerrt, vor allem durch die Subventionen, die Industrieländer ihren Baumwollfarmern zahlen. Um die Weiterverarbeitung ist es in dem Land noch schlechter bestellt als zu Zeiten der französischen Besatzer. Die Textilindustrie ist zusammengebrochen, die Ernte geht fast komplett als Rohware in den Export.

»Wer konventionelle Baumwolle herstellt, wird krank«, sagte Traoré. Er sitzt in einem kahlen Konferenzraum des Hauptstadt-Hotels Koulouba unter einem sirrenden Ventilator. Die Baumwollbauern riskierten für wenig Geld ihre Gesundheit. Fragt man sie selbst, berichten sie über Atemprobleme, Hautausschläge oder Kopfschmerzen, die sie nach dem Einsatz von Pestiziden bekommen. 72 Stunden dauerten solche Kopfschmerzen, erzählt ein Farmer, der mit Sprühflaschen auf dem Rücken durch seine Felder gelaufen ist und hustet. Sechs- bis achtmal jährlich müssen sie spritzen.

Nichts wünschte Traoré sich deswegen mehr, als dass die Konsumenten nur noch faire Biokleidung tragen würden. Er lobt die Kooperation der Entwicklungshilfeorganisation *Helvetas* und des Herstellers *Hess Natur* mit Bauern-Kooperativen. Aber er kennt auch die Fakten: Bislang ernten nur einige tausend der drei Millionen Bauern seines Heimatlandes fair gehandelte Biofasern. Weil die Nachfrage der Konsumenten so gering ist, setzen immer mehr Bauern auf genetisch veränderte

Baumwolle. In Indien beträgt der Marktanteil solcher Fasern bereits 66 Prozent, in China sind es 70 Prozent und in den USA sogar bereits 90 Prozent. Der Ertrag sei um ein Fünftel höher als bei herkömmlichen Pflanzen, die Bauern müssten nur noch zwei Mal jährlich spritzen, was für sie billiger und gesünder sei, wirbt der Agrarkonzern *Monsanto*.

Traoré hört dies gerne, obwohl er die Abhängigkeit der Bauern von den Saatgutkonzernen sieht. Aber in der jetzigen Situation kommt es für ihn darauf an, die drängenden Probleme der Bauern zu lösen. Fragt ihn ein Besucher, ob die genveränderte Baumwolle keine Risiken berge, antwortet er gelassen mit einer Gegenfrage: Die T-Shirts aus China bestünden doch längst größtenteils daraus, warum sollten dann ausgerechnet die Bauern hier, die zu den Ärmsten der Welt zählen, auf die Technologie verzichten? Die Menschen in Burkina Faso müssen nach jedem Strohhalm greifen, der sich ihnen bietet, um zu überleben. Das sieht jeder, der sich in dem Land umschaut. Verschärft hat sich deren Lage durch den Wandel des Klimas: Das Wetter ist unberechenbarer geworden, erzählen Bauern bei einer Versammlung. Die Dürreperioden seien länger und wenn der Regen komme, dann häufig so stark, dass die Felder zerstört würden.

Sollte der Anbau eines Tages hier kollabieren, dann dürfte sich ein Treck verzweifelter Bauern auf den Weg ins Ausland machen. Und ein Teil davon dürfte über die üblichen Routen nach Europa fliehen. Gut möglich, dass die Europäer ohnehin bald keine Wahl mehr beim Einkaufen haben werden, weil es nur noch genetisch manipulierte Baumwolle geben wird. In jedem Fall entwickelte sich die Nachfrage nach natürlicher, fair gehandelter Biobaumwolle viel zu schleppend, um für die Mehrheit der Bauern in Burkina Faso derzeit eine Alternative sein zu können. In der Erntesaison 2012/13 haben die Bauern in Burkina Faso eine Rekordernte an genetisch veränderter Baumwolle eingefahren, mit einem Plus von 57,5 Prozent auf rund 630 000 Tonnen. Die europäischen Konsumenten, die auf ihren eigenen Märkten genmanipulierte Nahrungsmittel erfolgreich verhindert haben, haben hier wohl den richtigen Zeitpunkt verpasst, an dem sie die Entwicklung noch in eine andere Richtung hätten beeinflussen können.

Tauschgerechtigkeit: Ein schwieriges Thema

Manche Dinge gehören so selbstverständlich zum Wirtschaftsalltag, dass Otto Normalverbraucher sie kaum hinterfragt, so z. B. die Preise. Man mag sie persönlich für hoch oder niedrig halten, was vor allem etwas mit dem eigenen Einkommen und den eigenen Wünschen zu tun hat; man mag sie vergleichen, aber am Ende des Tages ist der Preis für einen Verbraucher eine fixe Größe, die meistens der Verkäufer einer Ware festsetzt. Dabei haben Gelehrte seit der Antike darüber gestritten, was wohl ein richtiger oder gerechter Preis sei? Bis heute gibt es dazu in der Wissenschaft zwei extreme Positionen:

Die Vertreter der objektiven Werttheorie pochen darauf, dass der Wert einer Ware objektiv abhängig ist von der Menge an Arbeit, Natur oder Kapital, die für die Produktion aufgewandt worden ist. Die Vertreter der subjektiven Werttheorie betonen dagegen, dass der Wert auf der jeweiligen Bewertung des Nutzers einer Ware beruht, und schauen, bei welchem Preis Angebot und Nachfrage auf einem Markt zur Deckung kommen. Ihnen geht es nur darum zu erklären, wie die Preise zustande kommen – sie bewerten das Ergebnis unter Effizienzgesichtspunkten, nicht unter Gerechtigkeitsaspekten.

In der politischen Auseinandersetzung spielt die Frage nach gerechten Preisen eine große Rolle. Schon 1894 beschlossen die Stadtväter von Amsterdam einen Mindestlohn für ihre Bediensteten und alle Privatfirmen, die für sie Aufträge erledigten. Heute gibt es in den meisten EU-Ländern einen Mindestlohn. In der Schweiz stand das Thema eines gerechten Tauschverhältnisses früh auf der Tagesordnung: Bereits zu Beginn des 20. Jahrhunderts kennzeichnete man Produkte, die unter fairen Bedingungen im Inland hergestellt worden waren.

Auf dem internationalen Parkett hatte das Thema Tauschgerechtigkeit nach dem Zweiten Weltkrieg eine erhebliche Relevanz, was die Diskussion um die Schaffung von Rohstofffonds zeigte, mit denen die oft extrem schwankenden Preise stabilisiert werden sollten. An einigen Stellen griff die Politik in das Marktgeschehen ein: So regelte z. B. jahrzehntelang ein internationales Abkommen die Kaffeepreise und die Europäische Union zahlte Landwirten Garantiepreise für ihre Produkte.

Im Zentrum des fairen Handels steht die Frage nach einem fairen Preis. Schon die Fair-Trade-Vorreiterin Byler griff aus Überzeugung in die Preisbildung ein, weil sie das Marktergebnisse für ungerecht hielt. Sie zahlte den Handwerkerinnen freiwillig mehr. Das gleiche Prinzip gilt für den fairen Handel bis heute. Die Beteiligten überlassen die Preisbildung für die Bezahlung der Produzenten nicht dem freien Markt, sondern entscheiden selbst über einen angemessenen Preis. Der soll einem Produzenten und seiner Familie einen anständigen

Lebensunterhalt ermöglichen. Außerdem sollen die Erlöse ausreichen, um zu investieren und die Natur so zu behandeln, dass sie sich regenerieren kann.

In der Praxis erhalten die Beteiligten einen Mindestpreis und eine Prämie für die Umsetzung gemeinschaftlicher Projekte; das kann der Bau einer Schule oder die Einrichtung eines Gemeinschaftsladens sein, die Verbesserung lokaler Straßen oder der Kauf von Schränken für jeden Haushalt. Über die Verwendung der Prämie entscheiden Bauern und Arbeiter in selbst gewählten Gremien. Beteiligt sind bislang 565 Kooperativen und Plantagen in 70 Ländern. Davon profitieren 1,2 Millionen Bauern und Arbeiter, einschließlich ihrer Familienangehörigen etwa sechs Millionen Menschen. Zum Vergleich: Weltweit gibt es mehr als 500 Millionen Kleinbauern, von deren Einkommen rund zwei Milliarden Menschen leben.

Von dem Mindestpreis profitieren die Bauern immer dann, wenn die Weltmarktpreise für ihre Erzeugnisse wieder einmal in den Keller fallen. Liegen die Preise an den Weltmärkten dagegen über den Mindestpreisen, zahlen die fairen Händler den durchschnittlichen Weltmarktpreis.

Der Mindestpreis verändert den Marktmechanismus zu Gunsten des Produzenten. Der Käufer der Waren kann keinen Druck auf den Produzenten ausüben, beispielsweise um Mengenrabatte zu erreichen. Er kann auch nicht warten, bis der Preis für Kakao, Kaffee oder Baumwolle fällt. Neben dem Mindestpreis müssen die beteiligten Händler und Unternehmen beim fairen Handel weitere Vorgaben akzeptieren: Sie müssen den Produzenten Vorkredite einräumen, womit diese beispielsweise das Saatgut vorfinanzieren können, und sich auf eine langfristige Lieferbeziehung einlassen, was den Produzenten eine gewisse Absatzsicherheit verschafft.

Der Verkauf der Waren an den Endverbraucher läuft nach dem Marktgesetz von Angebot und Nachfrage ab. Entsprechend muss sich der Verkäufer fairer Waren auf dem Markt behaupten. Deswegen sind die fairen Preise häufig niedriger, als es sich die Beteiligten wünschen. »Fair« bedeutet in der Praxis eben nur so fair, wie es sinnvoll und möglich erscheint, um eine ausreichend große Menge Waren zu verkaufen. Wer mit Bauern in Burkina Faso, Nicaragua oder Indien spricht, bekommt einen Eindruck davon, wie sehr die Vorstellungen über faire Preise zwischen Konsumenten und Produzenten auseinanderklaffen. Tatsächlich leben die beteiligten Kleinbauern in bescheidenen Verhältnissen. Sie erhalten den Mindestpreis nur für Waren, für die sich ein Abnehmer findet. Sie haben also keine Garantie für eine bestimmte Abnahmemenge fairer Waren, was in der Praxis zu erheblichen Problemen führt. Tatsächlich verkaufen die beteiligten Produzenten nur einen Teil ihrer Waren zu fairenPreisen, bei Bananen sind es beispielsweise rund 70, bei Kaffee rund 40 Prozent. Die restliche Ernte müssen sie zu Weltmarktpreisen abgeben.

Liberale Kritiker halten den fairen Handel für ökonomisch schädlich, besonders wegen des Mindestpreises. Er animiere Bauern dazu, mehr anzubauen als angebracht, was die Marktungleichgewichte vergrößere, schreibt der Ökonom Mark Sidwell in der Studie »Unfair Trade« des britischen *Adam Smith Institute*. Während der faire Handel den beteiligten Produzenten helfe, schade er allen anderen Produzenten. Das mag in der Theorie stimmen, aber der wirtschaftliche Alltag der

Menschen spielt sich nicht in einer Modellwelt ab, sondern im realen Leben. Und das ist durch Interessen und Machtungleichgewichte geprägt, ob durch wettbewerbsverzerrende Subventionen von Industrieländern für die eigene Bauernschaft oder durch nachteilige Zollregeln für die Entwicklungsländer oder durch die Alleinstellung von Zwischenhändlern insbesondere in Entwicklungsländern. Es wäre deshalb zynisch, mit der Verwirklichung der reinen Lehre gerade bei den Ärmsten anfangen zu wollen, in Vorleistung müssten hingegen die reichen Staaten des Nordens und die multinationalen Unternehmen gehen. Ohnehin haben sich diverse andere Behauptungen der vorherrschenden ökonomischen Standardtheorie als Irrtümer herausgestellt. Dazu zählt die These von der Effizienz der Finanzmärkte genauso wie die sogenannte *Trickle-Down-Theorie*, die besagt: Wenn es den Reichen erst einmal gut geht, dann fällt irgendwann auch mehr für die Armen ab.

Nicaragua: Der faire Handel lernt laufen

Ursprünglich haben die Pioniere des fairen Handels in Kontinentaleuropa ganz auf politische Veränderungen gesetzt. Sie streben einen gerechteren Welthandel an. Erreichen wollten sie ihn durch Kampagnen und Aktionen, mit denen sie ihre Mitbürger über die Funktionsweisen der Weltwirtschaft aufklärten: Da ging es um die Austauschverhältnisse von industriellen und landwirtschaftlichen Gütern, um Zollpolitik und Steuergesetzgebung. Die Aktivisten thematisierten die gesellschaftlichen Normen und Herrschaftsverhältnisse. Auf diese Weise wollten sie möglichst viele Leute ermuntern, Druck auf die Regierung zu machen, damit diese sich wiederum für gerechtere Regeln im internationalen Handel einsetzen würde.

»Wir sind der Meinung, dass die Aktion Dritte Welt Handel sich in erster Linie als eine Aktion der Bewusstmachung der neokolonialistischen Tendenzen des Welthandels verstehen sollte. Sie will eindeutig politisch Stellung nehmen und zur politischen Stellungnahme aufrufen«, schrieb die Arbeitsgemeinschaft der Evangelischen Jugend Deutschlands im typischen Jargon jener Zeit. In Deutschland entstand aus Protesten solcher kirchlicher Jugendgruppen die Aktion Dritte Welt Handel.

Gerd Nickoleit wurde Anfang der Siebzigerjahre erster bezahlter Mitarbeiter der Kampagne. Er wirkt heute unscheinbar in seiner grauen Hose, den eckigen Brillengläsern und seinem Flanellhemd. Dann legt er los und schildert plastisch die politischen Kampagnen wie die Aktion »Indio-Kaffee«: Die Aktionsgruppen verkauften dabei Kaffee von *Fedecocagua*, einem Genossenschaftsverband aus Guatemala. Auf einem Faltblatt informierten sie die Käufer darüber, wer den Kaffee produziert und wie sich der Preis im Einzelnen zusammensetzt. Solche Informationen bekommt der Verbraucher im konventionellen Handel bis heute nicht. Um den gewünschten Lerneffekt zu erzielen, brachten die Aktivisten auch schon einmal konventionelle Ware unter die Bürger, allerdings umgepackt und mit einer politischen Botschaft versehen:»Süß für uns, bitter für andere«, stand in großen Lettern auf der quadratischen, mit gelbem Papier eingewickelten konventionellen Schokolade, der eine Protestkarte an die Bundesregierung beilag. Auf der Rückseite las der Käufer, was es mit dem ungerechten Handel auf sich hat: »Die Importzölle der Industriestaaten steigen mit dem Grad der Weiterverarbeitung. Für Rohstoffe wie das Aluminiumerz Bauxit und unverarbeitete Kakaobohnen sind die Zollsätze entsprechend niedrig, für die weiterverarbeiteten Produkte Aluminiumfolie und Schokolade liegen die Zollsätze sehr viel höher.« So werde der Export von Rohstoffen aus Entwicklungsländern gefördert, aber der Aufbau einer weiterverarbeitenden Industrie dort behindert. Solche Probleme gibt es heute noch, weswegen z. B. Kakao größtenteils in den Industrieländern weiterverarbeitet wird. So entgehen Entwicklungsländern Jobs und Devisen.

Im Jahr 1979 stürzten in Nicaragua linke Revolutionäre den Diktator Anastasio Somoza. Die Vereinigten Staaten reagierten auf den Umsturz mit Sanktionen. Es entstand eine weltweite Solidaritätsbewegung. Es wurde gespendet, ob Bleistifte, Röntgengeräte oder Krankenwagen. Eines der wichtigsten Zeichen der Solidarität in Europa und Nordamerika war der Import von Nicaragua-Kaffee. Die Sympathisanten der Sandinisten rekrutierten sich natürlich aus dem gleichen Milieu wie der alternative Handel. Einige fragten sich, wie sie die Revolution unterstützen könnten. Nickoleit verhandelte schon bald mit der staatlichen Verkaufsgesellschaft *Encafé* vor Ort über den Kauf von Solidaritätskaffee. Dafür gaben Verbraucher alleine in der Bundesrepublik 1980 bereits vier Millionen Dollar aus, wovon 367 000 Dollar in Bauernprojekte flossen. Man trank den Kaffee, ob beim Gewerkschafts- oder Kirchentag. Bis heute ist Kaffee das wichtigste Produkt des fairen Handels.

»Wir haben Kaffee bestellt, ohne irgendeine Ahnung von Qualität zu haben«, räumt Nickoleit freimütig ein, vermutlich hätten den guten Kaffee konventionelle Händler bekommen. Der Solidaritätskaffee sei mit der Zeit sogar immer schlechter geworden, irgendwann habe er regelrecht»... gestunken. Die Leute, die alle brav den Kaffee geschluckt hatten, sagten, das machen wir nicht mehr«, erzählt Nickoleit. Er habe darauf einen Brief an die Lieferanten geschrieben:»Wie könnt ihr uns, die wir so solidarisch mit euch sind, so einen Kaffee schicken?« Prompt kam die Antwort:»An wen sollen wir den Kaffee sonst schicken?« Das war 1993. Bei der Erzählung lacht Nickoleit herzhaft. Heute ist einiges anders. Aus Laien sind Profis geworden.

Die *Gepa* richtete z. B. ein Qualitätslabor für Kaffee ein und begann mit der Beratung der Kooperativen, womit die Käufer des fairen Handels praktische Entwicklungspolitik unterstützten. Der faire Großimporteur prüft heute jede Ladung Kaffee vorab. Die Tester setzen sich in dem Labor an einen runden Tisch, untersuchen zunächst die Bohnen, mahlen das Pulver, schmecken es, dann brühen sie den Kaffee und probieren ihn. Nur wenn sie einverstanden sind, wird der Kaffee aus den Anbauländern in Afrika, Asien und Lateinamerika nach Europa verschifft. Der Prüfer Kleber Cruz-García besucht auch regelmäßig die Kooperativen. Im Gepäck hat er dann genaue Protokolle der Kaffeequalitäten. Er gehört zu denjenigen, die den fairen Handel professionalisiert haben. Heute produzieren die Kleinbauern häufig Spitzenkaffee. Allerdings hat es der faire Handel bislang kaum geschafft, einen größeren Teil der Wertschöpfung in die Erzeugerländer zu verlagern.

Fairer Kaffee und faire Schokolade werden fast ausschliesslich in den Industrieländern hergestellt.

Weltläden: Lernen beim Einkauf in Europa

Im niederländischen Breukelen eröffneten Freiwillige den ersten Weltladen. Das Projekt fand schnell Nachahmer, auch in Deutschland, Österreich und der Schweiz. Man sprach von Dritte-Welt-Läden, später Eine-Weltläden, heute heißen sie oft Weltläden. Anfangs bezogen sie ihre Waren vor allem von der Organisation *S.O.S. Wereldhandel*, die in anderen Ländern Tochtergesellschaften gründete, in Deutschland beispielsweise den Verein *Gesellschaft für Handel mit der Dritten Welt*, den Vorläufer der *Gepa*. Heute gibt es etwa 2400 Weltläden in Europa; sie nennen sich *Magasins du Monde*, *Bottega del Mondo* oder *Worldshop*. Sie verbinden die Konsumenten immer noch direkt mit den Produzenten, vorbei an den gewöhnlichen Supermärkten, Einkaufszentren und Tante-Emma-Läden.

Wer in einem »Weltladen« einkauft, dem kann es auch heute noch passieren, dass er von einem ehrenamtlichen Verkäufer in ein Gespräch über Fragen des Weltmarkts verwickelt wird, schließlich betrachten 87 Prozent der Ladenbetreiber ihre Arbeit als »entwicklungspolitisches Projekt«, etwa 70 Prozent als »religiös/ethisches Projekt« und nur knapp die Hälfte als einen »Wirtschaftsbetrieb«, was eine Befragung des »Eine Welt Netzes« in Nordrhein-Westfalen zum Selbstverständnis der Weltladenbetreiber zeigte. Viele Menschen blenden die Realität beim Einkauf aus. Anschaulich zeigte dies eine filmisch dokumentierte Aktion, die der *Weltladen-Dachverband* gemeinsam mit *Naturland* in Berlin durchführte. An einem Samstag bauten sie einen Stand auf dem Wochenmarkt am Winterfeldplatz auf. Unter der Überschrift »Agrarprofit« warben zwei junge Männer mit Sprüchen wie »Realität akzeptieren, Gewinn maximieren« und »garantiert gewerkschaftsfrei« für die Produkte eines fiktiven Agrarkonzerns, der dank Kinderarbeit, Pestiziden und Gewerkschaftsverbot »faire Preise« erziele – für sich und die Kunden. Einige Verbraucher fragten skeptisch nach, die Mehrzahl griff jedoch beherzt zu bei der angeblich fairen Schokolade aus der Elfenbeinküste für 39 Cent die Tafel. In dem Kurzfilm dokumentierten die Aktivisten, wie unberührt Verbraucher zugreifen, wenn es billig ist, obwohl sie im gleichen Moment über die miserablen Umstände von Menschen und Tieren informiert werden.

Dass Otto Moralverbraucher in konventionellen Einzelhandelsgeschäften fair einkaufen kann, liegt auch an Frans van der Hoff. Der Pater war ein Jahrzehnt als Arbeiterpriester in Slums in Brasilien und Mexiko unterwegs. Dann ließ er sich in einer kleinen Gemeinde im mexikanischen Bundesstaat Oaxaca nieder. Er pflanzte wie die lokale indigene Bevölkerung Kaffee an und gründete gemeinsam mit den Bauern die Kooperative *Union de Comunidades Indigenas de la Producers (UCIRI)*. Nur einen Bruchteil ihrer Ernte verkauften sie an den fairen Handel. Das wollte der Missionar ändern. Bei einem Besuch in seiner niederländischen Heimat diskutierte er mit Nico Roozen, einem Mitarbeiter einer kirchlichen Organisation. Wie wäre es, ein Siegel für fair gehandelte Waren einzuführen, welches grundsätzlich jedes Unternehmen erhalten könnte, wenn es sich an festgelegte Standards hält? Und wie wäre es, wenn fair hergestellte Waren künftig auch im gewöhnlichen Handel verkauft würden? Viele in der Bewegung hielten das für den falschen Ansatz: Sie pochten auf »saubere Strukturen für sauberen Kaffee«. Andere sprachen davon, man müsse an den Idealen Abstriche machen und mit dem gewöhnlichen Handel kooperieren, den die Bewegung bislang maßgeblich für die ärmlichen Verhältnisse von Kleinbauern in Entwicklungsländern verantwortlich gemacht hatte. Nur so könne der Absatz der fairen Waren gesteigert werden, was doch das Hauptziel sein müsse. Der Kaffeestand an der Kirche sei eine notwendige Notlösung, aber letztlich müsse »die Veränderung des normalen Kaffeehandels den kirchlichen Kaffeestand überflüssig machen«, schrieben der *Gepa*-Geschäftsführer Jan Hissel und Klaus Wilkens vom Kirchlichen Entwicklungsdienst in dem Konzept *Kaffee Kampagne*. Diese Sichtweise teilte die Mehrheit in den Organisationen des fairen Handels in Europa und Nordamerika – nachzulesen in der Promotion »Fairer Handel« des Theologen Markus Raschke.

Auch in der Schweiz gab es frühzeitig Überlegungen, ob man nicht die alte Idee einer Kennzeichnung von fair produzierten Waren im Inland auf Waren übertragen sollte, die man aus Entwicklungsländern importierte. Das Ergebnis kennen wir: Die *Interkirchliche Aktionsgruppe für Lateinamerika* (*Solidaridad*) führte 1988 in den Niederlanden das erste Siegel ein, mit dem gewöhnliche Händler und Unternehmen Waren als fair kennzeichnen konnten, wenn sie sich an die Regeln des fairen Handels hielten. Als Namensgeber für das Logo wählte man *Max Havelaar*, den Titel eines Romans, bei dem die katastrophalen Lebensbedingungen auf den Kaffeeplantagen eine Rolle spielen.

Nach einem Jahr erreichte *Max-Havelaar*-Kaffee einen Marktanteil von drei Prozent in den Niederlanden. Das klingt wenig, bedeutet im Einzelhandel aber eine große Veränderung. Aktivisten in anderen Ländern kopierten die Idee, ob in der Schweiz, England oder Deutschland, wo die Organisation *Transfair* entstand, heute getragen von 37 Mitgliedsorganisationen aus dem kirchlichen, politischen und zivilgesellschaftlichen Bereich.

Dieter Overath hat den Verein einst in einem Kölner Hinterhof aufgebaut. In der ersten Pressemitteilung am 7. Oktober 1992 hieß es: »Auf dem Weltmarkt ist Kaffee so billig wie nie zuvor. Heute muss ein Verbraucher in Deutschland neunmal weniger arbeiten als vor 15 Jahren, um sich ein Pfund Röstkaffee leisten zu können. Im gleichen Zeitraum sind die ohnehin niedrigen Einnahmen der kleinen Kaffeebauern um das Vierfache gesunken. Je nach Qualität und Sorten bekommen die Produzenten in der ›Dritten Welt‹ auf dem Weltmarkt für ein Pfund Kaffee derzeit zwischen 60 und 80 Pfennig. Für fair gehandelten Kaffee erhalten sie das Doppelte.« Bereits dreißig Jahre zuvor hatten Vertreter aus der Dritten Welt »Wandel durch Handel« gefordert – geschehen war wenig.

Die Einzelhändler lehnten die Idee zunächst ab und wollten, dass die Idee des fairen Handels auf die Weltläden beschränkt bliebe. Daraufhin starteten Aktivisten eine Initiative. Viele Kunden fragten in den Supermärkten nach fair gehandeltem Kaffee. Ein Edeka-Händler in Minden stellte 1992 den ersten von *Transfair* gesiegelten Kaffee in sein Regal, ein Jahr später bot der Einzelhandelskonzern *REWE* solchen in allen seiner 5000 Filialen an. Heute gibt es faire Waren selbst in den Kaffeeshops der amerikanischen Kette *Starbucks*, der englischen Supermarktkette *Tesco* oder den deutschen Discountern *Lidl* und *Aldi*.

Manch ein Aktivist hält die Ausweitung des fairen Handels für einen gravierende Fehler: Der faire Handel verkenne, »dass man in der Mitte des Stromes nur noch mit dem Strom schwimmen kann«, schreibt Martin Klupsch in einem Rundbrief des Netzwerkes *Inkota*. Ursprünglich angetreten, räuberische Strukturen der Weltwirtschaft zu verändern, sei der faire Handel inzwischen weitgehend integriert in das System, welches er ändern wollte. Sich für die Forderungen »Das Land denen, die es bebauen« oder »Gegen die Macht der Kaffeekonzerne« zu engagieren, sei eben etwas anderes, als mit *Dole*, *Nestlé* oder *Tchibo* zu kooperieren. Der kommerzielle Handel könne sich nun mit einem sozialen Feigenblatt schmücken, ohne seine Strukturen zu verändern, finden die Vertreter der puristischen Linie, jetzt gehe es nicht mehr um eine »Infragestellung, sondern nur noch um die ethische Veredlung des gewohnten Konsums«.

Overath, ehemals ehrenamtlicher Vorstand bei Amnesty International Deutschland und seit der Gründung Geschäftsführer bei *Transfair*, kontert: »Entscheidend für die Kleinbauern ist doch, dass möglichst viele ihrer Produkte verkauft werden und nicht in welchem Laden.« Und, so fügt er hinzu, die meisten Deutschen kauften nun einmal bei Discountern:

»Konsumenten, die im Supermarkt einkaufen, wollen keine Grundsatzdiskussion über politische Verhältnisse führen.« In dieser Logik geht es darum, mittels größerer Marktanteile mehr zu erreichen. Mit einem Marktanteil von 40 Prozent bei Bananen allein in Großbritannien könne man auch eine *Chiquita* oder *Dole* verändern, mit einem Ein-Prozent-Marktanteil gehe das nicht.

Was hat der faire Handel den Menschen vor Ort in den Entwicklungsländern gebracht? Können Verbraucher mit dem Kauf fairer Produkte etwas bewirken? Möglichkeiten, Grenzen und Schwierigkeiten des fairen Handels lassen sich bei den Kaffeekooperativen in Nicaragua, Teeplantagen in Indien und Baumwollbauern in Burkina Faso beobachten. Machen wir uns auf den Weg: Die Kooperative *Unión de Cooperativas Agropecuarias* (UCA) liegt in San Ramon, einer Stadt im Hochland von Nicaragua, etwa zwei Stunden Autofahrt von der Hauptstadt Managua entfernt. In der Zentrale, einem schmalen Haus in der Innenstadt, herrscht an diesem Vormittag reges Treiben, einige Bauern stehen am Bankschalter der Kooperative, ein Landwirtschaftsexperte unterrichtet in einem der hinteren Räume ökologischen Anbau. Durch das Fenster dröhnt Straßenlärm. Auf dem Schreibtisch von Rosa Blanca türmen sich Papiere, dahinter verschwindet sie fast. Sie führt die Kooperative mit ihren mehr als tausend Mitgliedern. »Ohne den fairen Handel gäbe es unsere Genossenschaft nicht mehr«, sagt Blanca und erzählt von der Kaffeekrise, unter der in den Neunzigern alle hier gelitten hätten, Kleinbauern genauso wie Großgrundbesitzer.

Auslöser der Kaffeekrise ab 2001 war ein Ende der Marktregulierung. Die Politik hatte in den Sechzigerjahren das Kaffeeabkommen geschaffen: Seitdem handelte eine Kommission Exportquoten für die produzierenden Länder aus und setzte eine Preisobergrenze für den Kaffee fest. Nur wenn die Weltmarktpreise für Kaffee höher notierten, dürften die Produzenten mehr Kaffee exportieren, als vereinbart war. Tatsächlich sank der Kaffeepreis fortan nur noch selten unter den Mindestpreis von 1,20 US-Dollar für ein britisches Pfund Kaffee (= 453,6 Gramm). Nach 25 Jahren hatten die Vereinigten Staaten, der größte Kaffeeimporteur, kein Interesse mehr an einer Verlängerung des Abkommens. Präsident Ronald Reagan übernahm die Forderung des nationalen Kaffeeverbands, der für freien Handel plädierte. Reagan gehörte gemeinsam mit der britischen Premierministerin Margaret Thatcher zu den entschiedensten Verfechtern einer Deregulierung der Märkte, von der sie sich eine Belebung der Wirtschaft versprachen. Das Kaffeeabkommen lief am 1. Juli 1989 aus. Seitdem bilden sich die Kaffeepreise an den Börsen, wichtigster Markt für die hochwertigen Arabica-Bohnen ist New York, für die weniger edlen Robusta-Sorten London. Die Erzeugerländer verloren durch das Ende des Abkommens an Einfluss. Profiteure waren vor allem große Röster wie *Nestlé* oder *Altria*.

Die Weltbank hatte für den Fall einer Liberalisierung einen steigenden Kaffeepreis vorhergesagt. Tatsächlich brach der Preis um mehr als die Hälfte ein, mit katastrophalen Folgen für einen Großteil der weltweit 25 Millionen Kaffeebauern. Wiederholt lagen die Erlöse unter den Kosten der Kaffeebauern. Die Farmer zahlten also drauf. Hunderttausende gaben auf. In

Nicaragua kam es zu einer Wirtschaftskrise. In deren Folge schlossen reihenweise Banken, Läden und Restaurants. »Es herrschte Chaos«, erinnert sich Blanca, viele Leute seien ausgewandert, ob nach Costa Rica oder in die USA. »Wir konnten wegen des fairen Handels weitermachen, sogar investieren und unsere Kinder in die Schule schicken«, sagt sie. Denn die Kooperative hatte feste Abnehmer für fair gehandelten Kaffee wie den deutschen Großhändler *Gepa*. Allerdings leben die beteiligten Kleinbauern bescheiden, häufig in Holzhütten mit Lehmboden und mit Zeitungen als Tapete. Vor allem die Kinder profitieren von dem fairen Handel.

Der Kleinbauer Cesar Gonzáles Góngora gehört zu der Kooperative *Cecocafen*. Er sitzt an einem Sonntag vor seiner Hütte, auf dem Gelände laufen Schweine und Hühner herum. An der Außenwand der Hütte hängen die Bilder zweier Töchter, die mit dem amerikanischen schwarzen Hut zum Schulabschluss posieren. »Jetzt studieren beide«, sagt er stolz. Seine Kooperative erhalte von den Organisationen des fairen Handels eine Prämie von fünf Dollar je Zentner Kaffee für gemeinsame Anliegen, erzählt er, »wir geben sie für Schulen, für Lehrer aus, denn ohne Lehrer hätten unsere Kinder keine Chance, sich zu bilden«.

Otmar Meyer kam mit einer der ersten Solidaritätsbrigaden nach der Revolution in das Land. Er beriet diverse Kooperativen, arbeitete bei verschiedenen ausländischen Hilfsorganisationen, auch für den fairen Handel. Er lebt bis heute vor Ort und kennt sich gut aus. Früher hätten die Kleinbauern ihren Kaffee billig an der Straße an Zwischenhändler, als Coyote verschrien, abgegeben, seien dabei oft übervorteilt worden. Heute gebe es gut organisierte Kooperativen mit mehreren tausend Bauern, schwärmt Meyer. Die Bauern bauten neben Kaffee auch Kakao und Gemüse an, manche hielten Vieh.

Insgesamt machen 34400 Kleinbauern in Nicaragua beim fairen Handel mit. Mancherorts haben die Genossenschaften auch in die Weiterverarbeitung investiert. So hat die Kooperative *Sopexxca* eine Anlage zum Trocknen von Kaffee gebaut. Auf dem Gelände liefern die Bauern in der Erntesaison zwischen November und Anfang Februar ihre frisch gepflückten roten Kaffeebohnen ab. Arbeiterinnen verteilen sie mit Rechen auf großen Plastikbahnen und packen sie vor Sonnenuntergang wieder ein. Danach werden die Bohnen maschinell vorsortiert: Sie fallen durch ein Rohr auf metallene Sieb-Flächen, werden gerüttelt, kleine Bohnen fallen durch. Zum Schluss ist noch einmal Handarbeit nötig: Zwanzig Frauen sitzen in einem Raum an einer Tischreihe und sortieren die schlechten Bohnen aus. In einem Labor wird die Qualität des Kaffees getestet. Die Kooperative hat auch eine eigene Rösterei eingerichtet. Das schafft neue Jobs vor Ort und die einheimischen Konsumenten können nun im Laden Kaffee »Made in Nicaragua« einkaufen. In der Zentrale der Kooperative in Matagalpa gibt es mittlerweile sogar ein Café mit einer großen Kaffeemaschine, normal in Europa, hier aber einer Rarität. Die Lage in Nicaragua, wo der einstige sandinistische Hoffnungsträger Daniel Ortega mit seiner Clique mittlerweile nach Gutdünken regiert, ist ziemlich trostlos. Kooperativen des fairen Handels sind einer der wenigen Lichtblicke in dem ärmsten Land Zentralamerikas.

Schizophren: Europas Verbraucher

Die Mehrheit der Konsumenten in Europa verhält sich widersprüchlich: Sie wettern gegen gentechnisch veränderte Pflanzen und sind entsetzt über die Armut der Bauern in der Sahelzone, wenn sie eine Nachrichtensendung schauen. Gleichzeitig lässt fast jeder die Waren liegen, die eine natürliche Anbauweise und ein Überleben der Bauern sichern könnte. Es gibt eine fatale Allianz zwischen geizigen Verbrauchern und gewinnorientierten Unternehmen. Das macht Fortschritte beim fairen Handel schwierig. Der englische Einzelhandelskonzern *Marks & Spencer* mit seinen 730 Kaufhäusern war einer der größten Abnehmer von Fair-Trade-zertifizierter Baumwolle. Der Konzern wollte künftig sogar nur noch fair gehandelte Textilien anbieten. Dann bekam er Probleme mit seiner Kalkulation, als sich von Mitte 2009 bis Ende 2010 der Baumwollpreis verdreifachte. Auch die Briten sahen sich daraufhin gezwungen, weniger fair gehandelte Biobaumwolle zu verarbeiten, um ihre Gewinnziele nicht zu verfehlen. Viele Textilunternehmen verarbeiteten nun vermehrt preisgünstigere Kunstfasern und konventionelle Baumwolle. Der Grund ist einfach: Weil die meisten Kunden nach billiger Kleidung greifen, wollen die Einzelhändler ihre Preise unter psychologisch wichtigen Preisgrenzen halten, wie 4,99 Euro für ein T-Shirt. Damit trotzdem die Gewinnmargen erhalten bleiben, müssen sie bei der Beschaffung sparen, also billigere Rohstoffe einkaufen. Die Entscheidungen der Manager der Einzelhandelskonzerne schlagen durch bis zu den Bauern. Sichtbar in Indien im Frühjahr 2012.

Der indische Mittelständler *Agrocel* setzt auf den Verkauf von fairer Biobaumwolle und arbeitet deswegen mit Bauern zusammen, unter anderem in einem Dorf bei der südindischen Stadt Jolarpettai. Sie produzieren eine gute Qualität und zudem biologisch. Doch *Agrocel* war einen Großteil der Ernte in dieser Saison nicht zum Preis für fair produzierte Biobaumwolle losgeworden, sondern nur für den geringeren Preis für konventionelle Waren. Für die Kleinbauern und ihre Familien ist es völlig unmöglich, von den Erlösen ihrer fairen Baumwolle leben zu können. Die Feldarbeit erledigten in diesen Tagen fast nur die Frauen des Dorfes. Ihre Ehemänner verdingten sich fast alle in den Städten als Bauarbeiter, um ihre Familien über die Runden zu bringen. Die Frauen standen um vier Uhr morgens auf, kochten, gingen aufs Feld. Und wenn sie abends die Kinder ins Bett gebracht hatten, dann rollten sie fast alle für eine lokale Fabrik noch Zigaretten, etwa tausend Stück. Das sind noch einmal drei bis vier Stunden Extraarbeit. Von dem fairen Handel hätten sie sich einiges versprochen, erzählten die acht Frauen, die an diesem Morgen zusammengekommen waren. Auf das Thema angesprochen, brach der Frust aus ihnen heraus, der Übersetzer hatte Schwierigkeiten, ihrem Redefluss zu folgen: Sie schufteten, aber wofür? An ihrem lokalen Partner lag es nicht: *Agrocel* zahlte den Bauern in den vergangenen drei Jahren sogar aus eigener Tasche einen Ersatz für die entfallene Fair-Trade-Prämie.

Das Unternehmen hofft weiter darauf, dass die Konsumenten in Europa mehr Kleidung aus fairer Biobaumwolle kaufen. Pessimistisch ist der Agraringenieur Ganapathy Raju, der für *Fair Trade International* in Südindien als Berater unterwegs ist.

Er besucht landwirtschaftliche Klein- und Großbetriebe, die Baumwolle, Reis, Tee, Kaffee oder Gewürze anbauen. Hoffnung auf bessere Absätze machte Raju den Bauern nicht: »Fair Trade garantiert eben keine Verkäufe«, sagte er. Dass die Nachfrage oft geringer ist als das Angebot, liegt vor allem daran, dass zwischen Vorsätzen und Handeln bei Verbrauchern eine Lücke klafft. Insgesamt lag der Absatz von fairen Waren im Jahr 2012 in Deutschland bei 650 Millionen Euro. Zum Vergleich: Der Einzelhandelsumsatz betrug hier zuletzt allein knapp 550 Milliarden Euro. Weltweit wird nur ein Bruchteil des Handels fair abgewickelt.

Den Preisverfall für landwirtschaftliche Produkte hielten manche schon für eine Gesetzmäßigkeit. Doch dann stiegen überraschend die Preise für Grundnahrungsmittel zwischen 2001 und 2011 um 150 Prozent. In den Augen vieler Ökonomen war die Nahrungsmittelpreiskrise 2007/2008 ein Wendepunkt zu langfristig höheren Preisen. Tatsächlich können die landwirtschaftlichen Flächen kaum noch ausgedehnt werden und gleichzeitig steigt die Nachfrage insbesondere aus den Schwellenländern. Verbessert sich jetzt also über die Marktpreise die Situation der zwei Milliarden Kleinbauern auf der Welt? Wird der faire Handel überflüssig? Die Allgemeinheit ging jahrzehntelang davon aus, dass Kleinbauern von höheren Agrarpreisen profitieren würden. Jetzt stiegen die Preise für Agrarrohstoffe an den Weltmärkten, aber viele Kleinbauern verloren ökonomischen Spielraum. Den vermeintlichen Widerspruch löst Agrarökonom Michael Brüntrup vom Deutschen Institut für Entwicklungspolitik auf: »Häufig fressen die Preissteigerungen für die Artikel des täglichen Bedarfs, welche die meisten der Bauern einkaufen müssen, deren Mehrerlöse für ihre Ernte auf.« Gleichzeitig steigen die Kosten der Kleinbauern für Pestizide und Saatgut. Aufgrund des Klimawandels kommt es öfter zu lokalen Missernten. Vielen Kleinbauern geht es also nicht besser, sondern schlechter. Zudem leiden sie als Produzent und Konsument unter der Volatilität an den Weltmärkten, die sich verstärkt hat, seitdem Spekulanten auf Grundnahrungsmittel wie Weizen, Reis und Mais wetten.

Zwischenzeitlich sind die Preise sogar wieder nach unten gegangen: Beispielsweise sank der Preis für Arabica-Kaffee von Mai 2011 bis Mai 2013 um 53 Prozent, von Baumwolle um mehr als 80 Prozent. Auf eine bessere Bezahlung und kalkulierbarere Ernteerlöse bleiben Kleinbauern angewiesen. An einer Lösung für die Absatzprobleme bei Baumwolle arbeitet der faire Handel. Eine Zwischenlösung könnte es sein, dass Unternehmen sich künftig verpflichten, einen Teil ihrer Baumwolle fair zu beziehen und entsprechend ihre Waren kenntlich zu machen.

Einen Bedarf an fairen Lösungen gibt es mittlerweile auch für Bauern im Norden. »Der faire Handel hat einen Bogen um das Thema fairer Rohstoffe aus Europa gemacht«, sagt *Gepa*-Geschäftsführer Thomas Speck. Dafür gab es gute Gründe: Die Produktionsbedingungen in der Europäischen Union galten schlicht als fair und lange gab es sogar auskömmliche garantierte Preise für die Bauern. Doch die Zeiten haben sich geändert. Von den derzeitigen Regelungen profitieren vor allem die großen landwirtschaftlichen Betriebe.

Unter enormem wirtschaftlichen Druck stehen selbst viele Bauern in Deutschland. Offensichtlich wurde dies, als Bauern im Jahr 2008 bestimmte Händler boykottieren wollten. Die *Gepa* verwendet mittlerweile auch fair und ökologisch hergestellte Milch aus heimischer Produktion zur Schokoladenherstellung. Projektpartner sind die Milchwerke *Berchtesgadener Land Chiemgau*, eine Bauerngenossenschaft mit Naturland-Fair-Zertifizierung. Die Milchbauern erhalten einen Mindestpreis und langfristige Lieferverträge. Und das soll nur der Anfang sein, um bäuerlichen Landwirten ein Überleben zu sichern in einer immer mehr von Agrarfabriken geprägten Landwirtschaft. Den Bedarf gibt es in Europa: Denn von den 13 Millionen Bauern hier sind rund 3,5 Millionen Subsistenz-Landwirte, vor allem in Ost- und Mitteleuropa.

Fair aus der Not heraus: Konzerne denken um
In der Werbung zeigen Unternehmen gern Bauern mit ihren Produkten. Tatsächlich wissen sie jedoch nur noch selten, von wem sie ihre Rohstoffe wie Kaffee, Kakao, Mais oder Weizen beziehen. Früher pflegten Nahrungsmittelkonzerne engere Kontakte zu den Produzenten im Süden. Das ist anders geworden, seitdem eine andere Managementphilosophie gilt: Jedes Unternehmen soll nur noch seine Kernkompetenz wahrnehmen, weil sich so am besten der Profit maximieren lässt. In dieser Logik braucht sich kein Nahrungsmittelfabrikant mehr um den Anbau des Kakaos zu kümmern. Die Einkäufer verfolgen stattdessen auf Monitoren die Kurse an den Börsen und ordern entsprechend Nachschub. Auf den Monitoren tauchen die Preise der Waren auf, aber sie sind blind für die Lebensbe-

dingungen der Produzenten. Das rächt sich. Ein Großteil der Plantagen in Lateinamerika, Afrika und Asien ist in einem schlechten Zustand. Alte Männer und alte Pflanzen sowie marode Bewässerungssysteme dominieren vielerorts das Bild. In der Elfenbeinküste, dem größten Produzenten von Kakao, sind die Ernteerlöse in den vergangenen Jahren dermaßen gesunken, dass die Bauern oft keine erwachsenen Erntehelfer mehr bezahlen konnten und stattdessen auf Kinderarbeit zurückgriffen. Laut einer Studie der NGO *Südwind* arbeiten dort rund 820 000 Kinder auf den Plantagen. Immer wieder verkaufen Eltern in ärmeren Nachbarländern wie Burkina Faso ihre Sprösslinge an Plantagenbesitzer. Unattraktiv ist die Lage auch für die Kleinbauern. Angesichts deren trostlosen Situation will kaum noch jemand Bauer werden. Es gibt ein gravierendes Nachwuchsproblem. Vielerorts ziehen es die Jugendlichen vor, in die Slums der Städte abzuwandern, statt die Felder ihrer Eltern zu übernehmen.

Die Teeplantage *Thaishola Tea Estate* liegt im südindischen Bundesstaat Nilgiri und ist 190 Hektar groß. Die Zeit scheint seit der Kolonialzeit stehen geblieben zu sein. In der Teefabrik laufen Maschinen zum Zerkleinern der Blätter, die bereits vor mehr als acht Jahrzehnten aus England importiert worden sind. Um die Fabrik erstrecken sich an den Berghängen die Teefelder, die einst chinesische Zwangsarbeiter auf Befehl der britischen Besatzer anlegten. Am Fabriktor sind diverse Zertifizierungen angebracht, vom *TÜV Nord*, von der *Fair Trade Labelling Organizations International (FLO)* oder *Organic*. Noch vor wenigen Jahren produzierte die Plantage ausschließlich für den indischen Markt, auf konventionelle Art und Weise, doch die Erlöse deckten am Ende kaum noch die Kosten. Jetzt wird biologisch und fair produziert und 95 Prozent des Tees geht in den Export. Die Plantage ist für die nächsten acht Monate ausgebucht. Entsprechend viel haben die Pflücker zu tun. Etwa 20 000- bis 30 000-mal greifen sie täglich nach den jungen, grünen Teeblättern, zupfen sie und legen sie in einen auf dem Rücken hängenden Sack.

Früher lebten die Pflücker auf den Plantagen fast wie Leibeigene, trotzdem war die Arbeit mangels Alternative begehrt: Ging ein Elternteil in Rente, rückte eines der Kinder nach. Das hat sich geändert. Ein Pflücker erhält heute immerhin den gesetzlich vorgeschriebenen Mindestlohn von umgerechnet etwa zwei Euro täglich, zuzüglich einer kleinen Leistungsprämie und einiger gesetzlich vorgeschriebener Sozialleistungen. Und hier auf der Plantage kommt noch die Prämie des fairen Handels hinzu, die in einen gemeinschaftlichen Topf fließt.

Fragt man Palani, Madhevi, Santhi oder Lingi, welche Zukunft sie ihren Kindern wünschen, dann reden sie von Berufen wie Ingenieur, Verkäufer, Lehrer oder Krankenschwester und vor allem von einem Leben in der Stadt. Das eigene Schicksal eines Teepflückers auf dem Land, das wünscht sich hier kaum jemand für den Nachwuchs. »Es wird immer schwieriger, Arbeiter zu finden«, sagt Parakkat Radhakrishnan, der mit seinen weißen Haaren, schwerer Hornbrille und bedächtigen Sprechweise eher an einen Philosophen als an den Verwalter einer Plantage mit einer Fabrik und 328 Arbeiterfamilien erinnert. Schon jetzt heuern Plantagen hier in der Gegend – einem der wichtigsten Teeanbaugebiete Indiens – regelmäßig Arbeiter aus dem ärmeren Norden des Landes an. Die Manager der Plantagen schildern ihre große Besorgnis, dass ihnen die Arbeitskräfte eines Tages ganz ausgehen könnten. Solche Nachrichten über die Zustände auf dem Land sind wohl mittlerweile auch in die Zentralen multinationaler Konzerne vorgedrungen. Bei einigen Unternehmen mache sich Panik breit, weil ihnen bewusst werde, dass ihnen die Rohstoffe ausgehen könnten, sagt der ehemalige Grünen-Politiker Matthias Berninger, heute Kommunikationschef bei *Mars Europa*. Fest steht: Das Interesse der Industrie am fairen und biologischen Handel von landwirtschaftlichen Gütern ist gestiegen. Früher ignorierten die Konzerne gewöhnlich die Vertreter des fairen Handels. Heutzutage veranstalten Konzerne parlamentarische Abende zum Thema fairer Handel, wie z.b. *Mondolez International* im Frühling 2013 in Berlin. Der Konzern will bis 2015 den Kaffee für seine europäischen Marken wie *Jakobs* komplett aus nachhaltigem Anbau beziehen und 600 Millionen Euro in Kaffee- und Kakao-Anbaugebieten investieren, unter anderem in die Schulungen von Kleinbauern. Der Süßwarenkonzern *Mars* will bis 2020 den gesamten Kakao aus nachhaltiger Produktion einkaufen.

Einige Unternehmen machen es schon lange ohne Not anders, weil sie wissen, wie wichtig zufriedene Produzenten für sie sind. Andrea Illy führt das gleichnamige Familienunternehmen aus Italien. Der Kaffeeröster zahlt seinen Bauern freiwillig einen Abnahmepreis, der über dem Weltmarktpreis liegt. Seine Mitarbeiter beraten die Produzenten bei der Verbesserung ihrer Anbaumethoden. »Wir brauchen schließlich motivierte Menschen. Und wir wollen langfristig so arbeiten können. Wir sind ja keine Minenbetreiber: abschürfen, was da ist, und dann schließen und weiterziehen«, sagte Illy dem *Handelsblatt*. Er zweifelt allerdings daran, dass Kunden wegen eines sozialen Umgangs einer Firma mit Bauern auch »nur ein Gramm Kaffee mehr kaufen« würden, weswegen er auch auf eine Dokumentation des fairen Umgangs auf den Verpackungen verzichtet. »Den Kunden interessiert die Emotion, der Geschmack des Getränks, und nicht, wie wir das geschafft haben oder wie toll wir sind«, sagt er. Für kontraproduktiv hält er gar die Bedingungen des Fair-Trade-Siegels, weil die Produzenten den Mindestpreis unabhängig von der Qualität ihrer Ernte bekämen.

Einen eigenen Weg geht auch die *Alfred Ritter GmbH & Co. KG.* in Nicaragua. Blitzblank sieht die Sammel- und Trockenstation für Kakao des Schokoladenherstellers aus, die an der Straße von Managua ins Hochland liegt. Hier liefern Bauern ihre Ernte ab und erhalten dafür einen garantierten Preis. Den legt die Firma weit im Voraus fest, damit die Bauern planen können. Auf Maultieren transportieren Bauern Bohnensäcke in die Annahmestelle, wo die Bohnen getrocknet und verpackt werden. Unabhängig davon fördert die Firma ein Projekt für den biologischen Kakaoanbau in dem rund 20 000 Quadratkilometer großen Biosphärenreservat Bosawas, einem der größten Reste des Tieflandregenwalds in Zentralamerika. Um den zu erhalten und gleichzeitig Arbeitsmöglichkeiten für Bauern zu schaffen, wird hier eine angepasste Form der Landwirtschaft im Urwald betrieben. Heimische Nutzpflanzen wie Bananen, Kakao, Mais, Bohnen werden als Untersaat in die Wälder eingesät. So bleibe eine mehrstufige Bedeckung des

Bodens gewährleistet, die Gefahr von Erosion sinke und der Boden sei davor geschützt, auszutrocknen, erklärt *Ritter*-Mitarbeiter Daniel Valle beim Gang durch den Urwald.

Anfang der Neunzigerjahre hatte sich die Firmenerbin Marli Hoppe-Ritter dafür entschieden, ein Projekt für den Anbau biologischen Kakaos in Nicaragua zu fördern, zunächst eher aus sozialen und karitativen Motiven. Anfangs waren es 30 Tonnen Kakao, mittlerweile sind es schon über 700 Tonnen. Und damit ist die faire Ernte für Rittersport ein zunehmend wichtigerer Bestandteil für die Rohstoffbeschaffung.

Wer als Konsument versucht, fair produzierte Gebrauchsgüter zu kaufen, ist mit seinem Latein schnell am Ende. Es gibt sie kaum. Der faire Handel beschränkt sich heute fast ausschließlich auf einen Teil der Nahrungsmittel. Die meisten Produkte sind nicht fair zu kaufen. Folglich fördert ein Käufer gezwungenermaßen Entwicklungen oder Personen, die er ablehnt. Dazu zählen die Warlords im Osten der Demokratischen Republik Kongo, die mit ihren Rebellengruppen immer wieder den Bürgerkrieg anheizen, um sich an den Bodenschätzen des Landes, wie Gold und Diamanten, Tantal, Coltan oder Kobald, zu bereichern.

»Quasi 99 Prozent betrage die Wahrscheinlichkeit, dass ein Smartphone-Käufer den Bürgerkrieg im Kongo finanziert«, heißt es bei der Initiative *Make it fair*, die *SOMO* koordiniert, ein Zentrum für Recherche zu multinationalen Unternehmen in den Niederlanden. Ihr Ziel ist die Herstellung eines fairen Smartphone. Dabei geht es nicht nur um die Produktionsbedingungen bei den Fertigungsunternehmen, sondern auch um die Beschaffung der Materialien. Damit betritt die Initiative Neuland. Denn Siegel für eine faire Produktionsweise kleben bislang nur auf Handwerkswaren oder landwirtschaftlichen Erzeugnissen und nicht auf Industriewaren. Das ist historisch bedingt, liegt aber auch an der Komplexität industriell hergestellter Güter. Es gibt weitverzweigte Wertschöpfungsketten rund um den Globus. Sie umfassen den Anbau oder Abbau eines Rohstoffes, dessen Verarbeitung, den Handel und Transport sowie die Entsorgung.

Grundsätzlich beruht unser Wohlstand auf Arbeitsteilung. Wenn jeder das herstellt, was er am besten kann, dann profitieren davon am Ende alle, weil bessere und mehr Produkte und Dienstleistungen hergestellt werden. Und wenn mehr hergestellt wird, dann gibt es auch mehr zu verteilen, sodass der Lebensstandard der Menschen steigen kann. Ohne Arbeitsteilung sähe unser Leben ziemlich anders aus, weil jeder tagaus tagein damit beschäftigt wäre, seine elementaren Lebensbedürfnisse zu befriedigen.

Die wirtschaftlichen Vorteile der Arbeitsteilung hat Adam Smith im 18. Jahrhundert, anhand der Nagelherstellung. Ein geschickter Schmied brauchte etwa eine Minute pro Nagel und produzierte damit einige hundert am Tage. Wenn in einer Fabrik jeder Arbeiter dagegen nur einen Arbeitsschritt wie Hämmern, Pressen, Walzen oder Schneiden ausführe, könnten je Nagelmacher mehr als 4800 Nägel täglich hergestellt werden. Zu seinen Lebzeiten war die Arbeitsteilung jedoch viel weniger ausgeprägt als heute und die regionale Ökonomie dominierte den wirtschaftlichen Alltag. Da ging der Bauer mit dem Pferd zum Dorfschmied, wenn das Tier neue Hufeisen brauchte, oder der Kaufmann zum Schiffbauer, wenn er ein neues Segelschiff bestellen wollte.

Smith gehört wie der Ökonom David Ricardo auch zu den ersten Gelehrten, die die Vorteile der internationalen Arbeitsteilung beschrieben. Für Länder macht der Freihandel demnach nicht nur Sinn, wenn ein Land absolute Produktionsvorteile hat, wie beispielsweise Nicaragua aufgrund seiner klimatisch günstigen Bedingungen bei Kaffee oder Kakao sowie Deutschland aufgrund seiner Fertigkeiten im Maschinenbau. Laut der ökonomischen Theorie der komparativen Kostenvorteile lohnt sich der Austausch zwischen Nationen auch dann, wenn ein Land bei allen Produkten einen absoluten Kostenvorteil hat. Denn es gibt immer relative Kostenunterschiede, weswegen sich auch in diesen Fällen eine Spezialisierung der Länder und gegenseitiger Warentausch für beide Seiten lohnt. In der Realität sind die Vorteile jedoch häufig sehr ungleich verteilt, weil die Beteiligten in den Wertschöpfungsketten unterschiedlich viel Machtmarkt besitzen.

Seit Smiths Tagen ist die weltweite Arbeitsteilung immens vorangeschritten. Wenn Firmen heutzutage entscheiden, wo sie hochwertige Produkte entwickeln, suchen sie vor allem technische oder kreative Fertigkeiten von Menschen. Fündig werden sie schnell in den USA, wenn es um die Entwicklung von Medikamenten, Computern und Software geht, in Deutschland bei Projekten rund um das Auto und Maschinenbau oder Elektrotechnik und in Frankreich für Flugzeugbau oder Kerntechnik. Bei vielen Massenprodukten wie Textilien, Spielzeug oder Unterhaltungselektronik vergeben die Firmen die Aufträge jedoch fast nur noch nach dem Kriterium der Kosten. Den Zuschlag erhält gewöhnlich der günstigste Fabrikant. Bei Standortentscheidungen geht es nicht nur um Ressourcen und Fähigkeiten der Menschen, sondern auch um unterschiedliche Regeln und Kontrollen.

Mittlerweile hat sich ein Produktionsregime in vielen Branchen durchgesetzt, in dem sich die Firmen auf Funktionen wie Forschung und Entwicklung, Design und Marketing beschränken. Die Produktion geben sie ganz oder teilweise an Zulieferer in Billiglohnländer ab. Grundsätzlich ist es positiv, wenn mehr Menschen an der Wertschöpfung teilnehmen. Entscheidend ist jedoch die Gestaltung der Arbeitsteilung. Faktisch gibt es eine Zunahme von prekären Beschäftigungsverhältnissen im Norden und gleichzeitig einen Boom informeller und ungeschützter Arbeit im Süden. Die Macht haben in diesem System die großen Unternehmen mit den bekannten Marken, ob *Apple, Samsung, Sony, Boss, Wal Mart, Tesco, BMW* oder *Renault*.

Der Druck auf die Produktionsbetriebe im Süden steigt durch die zunehmende Konzentration der Auftraggeber aus Industrie oder Handel. Häufig dominieren wenige Unternehmen das Geschehen. Zum Beispiel kommen *Edeka, REWE, Metro, Aldi* und *Lidl* in Deutschland zusammen auf einen Marktanteil von über 90 Prozent im Lebensmitteleinzelhandel. Ihre Einkaufsmacht nutzen Unternehmen regelmäßig, um Lieferanten Konditionen aufzuzwingen.

Zynischerweise verschanzen sich viele Auftraggeber hinter dem Produktionsregime, welches sie selbst errichtet haben. Erst verzichten Unternehmen auf die Fertigung in eigenen Fabriken und schreiben die Aufträge aus. Damit sind sie flexibler, brauchen selbst weniger Verantwortung für Beschäftigte zu übernehmen, können besser auf Absatzschwankungen reagieren und unter dem Strich deutlich mehr Gewinn erzielen. Heute entschuldigen sie ihr Nichthandeln hinsichtlich Missständen bei ihren Zulieferern damit, dass sie gegenüber Konkurrenten Wettbewerbsnachteile erleiden könnten. Dann heißt es typischerweise, es sei sinnlos, die Arbeitsbedingungen einseitig zu verbessern, weil man nur einer unter vielen Auftraggebern einer Fabrik sei. In dieser Logik äußerte sich auch der *H&M*-Vorstandschef und Miteigentümer Karl-Johan Persson mit Blick auf die Arbeitsbedingungen in den Textilfabriken von Bangladesch in einem *Spiegel*-Interview: »Es muss eine Gesamtlösung geben. Es bringt nichts, wenn nur wir allein besser zahlen.« Dabei hat Persson mehr Macht als die meisten anderen Manager von Aktiengesellschaften, schließlich verfügt seine Familie über mehr als zwei Drittel der Stimmrechte und kann damit die Strategie des schwedischen Konzerns festlegen. Sie könnte entscheiden, ihre Waren nur zu fairen Bedingungen produzieren zu lassen. Dass es anders geht, zeigt die Wirtschaftsgeschichte. Es gab immer wieder Unternehmerpersönlichkeiten, die sich für bessere Belange ihrer Arbeitnehmer oder Zeitgenossen eingesetzt haben: Der Automobilkönig Henry Ford bezahlte seine Beschäftigten beispielsweise besser als die Konkurrenz und Robert Bosch führte als einer der ersten deutschen Unternehmer den Achtstundentag ein und baute ein Krankenhaus.

Eine wirkliche Dynamik entsteht heute erst, wenn die Politik bindende Vorschriften für Unternehmen einführt wie den *Dodd-Frank-Act* in den USA 2010. Kein an amerikanischen

Börsen notiertes Unternehmen darf seitdem mehr Metalle verwenden, von deren Verkaufserlösen Milizen in der Demokratischen Republik Kongo profitieren. Außerdem sollen die Unternehmen Zahlungen an Regierungsstellen offenlegen. Jetzt müssen die Firmen also an einer transparenteren Beschaffungskette von Rohstoffen arbeiten. Die EU will ein ähnliches Gesetz umsetzen, stößt allerdings bei vielen Regierungen und Unternehmen auf Skepsis. Trotz aller Fehlschläge halten sie immer noch das Mantra der freiwilligen Unternehmensverantwortung hoch. Dagegen zeigen Pilotprojekte im Kongo, die den *Dodd-Frank-Act* respektieren, erste Erfolge. Von »Inseln der Stabilität« ist in einer Studie des *Öko-Instituts* die Rede. Die Autoren empfehlen der EU die Förderung solcher Projekte, zu denen auch die Aktivitäten der Initiative *Fairphone* gehören.

Fairer Handel: Stachel im Wirtschaftsgefüge

Die wichtigste Funktion des fairen Handels ist die eines Stachels im gewöhnlichen Wirtschaftsgefüge. Es ist der Beweis dafür, dass es Menschen gibt, die die gängigen Strukturen in der Wirtschaft für unfair halten und andere Regeln unterstützen. Das ist umso bemerkenswerter, als die vorherrschende Ideologie des Neoliberalismus den Egoismus des Einzelnen fördert. Ohne Gerechtigkeit, Fairness oder Anstand gibt es aber keine stabilen Tauschbeziehungen. Sie bilden das Fundament der Wirtschaft, die damit immer auch auf eine gewisse Portion Fairness angewiesen ist. Und die entsteht nur, wenn keiner der Beteiligten auf Dauer schlechter dasteht. Ohne Fairness oder zumindest die Möglichkeit, Fairness immer wieder herzustellen, sähe unsere Wirtschaft ganz anders aus – man denke nur an zerfallene Gesellschaften wie Somalia oder autokratische Regime wie Russland. Wer den fairen Handel unterstützt, fördert vor allem einen anderem wirtschaftlichen Umgang der Menschen miteinander. Trotzdem wird der heutige faire Handel alleine die Weltwirtschaft nicht umkrempeln, trotz zweistelliger Wachstumsraten.

Absolut betrachtet ist der faire Handel bedeutungslos: Nur ein Hunderttausendstel der Agrarprodukte werden fair gehandelt und nur in wenigen Fällen haben faire Produkte in einem Land den Sprung aus der Nische geschafft: So ist mehr als jede zweite verkaufte Banane in der Schweiz und jede fünfte Rose in Deutschland fairen Ursprungs. Aus Sicht der Konsumenten und Unternehmen spricht wenig dafür, dass sich das Nischendasein des fairen Handels bald ändern wird. Im globalen Maßstab betrachtet fehlt vielen Menschen das Geld für fairen Konsum. Das jetzige System des fairen Handels lebt vor allem von relativ zahlungskräftigen Käufern in Industrieländern. Aber auch hier geben die Konsumenten vergleichsweise wenig für fair gehandelte Produkte aus, und das, obwohl sie noch nie so wenig Geld für Nahrungsmittel ausgegeben haben; in Deutschland sind es nur etwa zehn Prozent des verfügbaren Einkommens. Wenn sie einige Prozentpunkte mehr für Nahrungsmittel ausgeben würden, könnten sie sich viel mehr faire Produkte leisten und es käme zu bedeutenden Marktverschiebungen. Dann müssten die Verbraucher aber auf etwas anderes verzichten.

Am meisten lassen sich die Schweizer im Schnitt mit jährlich 34 Euro und die Briten mit 27 Euro pro Kopf fair gehandelte Waren kosten. Die Deutschen geben dafür rund acht Euro aus. Zum Vergleich: Für Nahrungsmittel gibt ein Haushalt im Schnitt laut Statistischem Bundesamt jährlich 2568 Euro aus. An dem Bild dürfte sich auch nicht wesentlich etwas ändern durch die Nachfrage aus Ländern, die neu dazustoßen. Erste Gehversuche gibt es in Südafrika, Kenia, Mexiko, Brasilien und Indien.

Außer altruistischen Unternehmern dürfte auch kaum jemand sein Sortiment komplett auf eine soziale Produktionsweise umstellen. Dagegen spricht die betriebswirtschaftliche Logik: Konventionelle Händler verkaufen ethisch korrekte Waren nämlich aus zwei Gründen: Sie wollen damit Geld verdienen und ihr Image verbessern. Sie bedienen die Verbraucher, denen ethische Aspekte wichtig sind und die entsprechende Waren einkaufen. Ein Geschäftsmann wird seinen Kunden entsprechend ein differenziertes Sortiment anbieten, weil er nur so ein Maximum an Kaufkraft bei den Verbrauchern abschöpfen und seinen Gewinn maximieren kann. Diese Differenzierung findet mittlerweile bereits innerhalb des nachhaltigen Warensortiments statt: Es gibt entsprechend fair und fair light, satt grüne und hellgrüne Produkte. Die Gefahr eines »Social Washing« ist dabei nicht von der Hand zu weisen, was auch langjährige Verfechter der Fair-Trade-Idee wie die amerikanische Kooperative *Just Coffee* beschreiben: »Die konventionellen Röster stehen Schlange um das Fair-Trade-Siegel zu bekommen. Das Problem ist, dass sie das Siegel wollen, ohne ihre Geschäftspraktiken zu verändern (…), und immer noch den Großteil ihres Kaffees zu den niedrigsten Preisen kaufen, während sie das Fair-Trade-Siegel für den winzigen Teil ihres Fair-Trade-Kaffees benutzen. Sie wollen Kapital aus dem Symbol schlagen, ohne sich für das zu verpflichten, für was das Symbol steht.«

Wenn konventionelle Unternehmen fair gehandelte Produkte neben konventionellen verkaufen, verzichten sie eben nicht automatisch auf ihre Rolle als Preisdrücker im globalen Wettbewerb. Es ist die Entscheidung ihrer Eigentümer, nicht mehr zu tun. Längst haben Experten nämlich berechnet, dass nur geringe Aufpreise notwendig wären, um alle diejenigen in der Wertschöpfungskette fair zu bezahlen, die bei der Produktion und Verteilung einer Ware mit anpacken: also im Falle von Textilien angefangen von den Baumwollbauern in Burkina Faso über die Arbeiter in der Spinnerei in der Türkei und den Textilfabriken in Bangladesch bis hin zu den Lkw-Fahrern und Seeleuten, die die Waren rund um die Welt karren, und den Verkäuferinnen. Die notwendigen Preisaufschläge wären moderat.

Tatsächlich fallen die Preisaufschläge für fair hergestellte Produkte regelmäßig höher aus. Das hat vor allem etwas mit der gängigen Kalkulation der Waren in der Wirtschaft zu tun. Bei höherwertigen Waren wird auf jeder Stufe der Wertschöpfung ein Aufschlag einkalkuliert und dies summiert sich am Ende zu größeren Beträgen. Eine andere Logik wäre für den gewöhnlichen Betriebswirt nicht normal. Von den höheren Margen profitieren viele Beschäftigte, die mit der eigentlichen Herstellung der Waren selbst überhaupt nichts zu tun haben, beispielsweise Mitarbeiter im Management und Marketing, und zum anderen die Eigentümer.

Viele Verbraucher dürften überrascht sein, wenn sie sähen, wer vor allem an den höheren Preisen von fairen Produkten verdient. Allerdings gibt es wenig Zahlen über die Kalkulation der Waren, weil die Händler sie gewöhnlich nicht offenlegen. Einen Fall hat das *Wall Street Journal* recherchiert: Die englische Supermarktkette *Sainsbury's* verkaufte demnach faire Bananen zeitweise für 2,74 Dollar je Pfund und verlangte damit viermal so viel wie für vergleichbare konventionelle Bananen. Die Produzenten erhielten davon nur 16 Cent. 55 Cent gingen an die Händler und Importeure, der Supermarkt strich mit mehr als zwei Dollar den Löwenanteil ein.

Es ist höchste Zeit, dass alle Beteiligten des fairen Handels ihre Kalkulation veröffentlichen. Nur bei einer echten Transparenz kann es überhaupt eine Diskussion darüber geben, was wirklich fair ist. Außerdem könnte man die Regeln gleich so ändern, dass die Gewinnmargen für fair gehandelte und gewöhnliche Produkte künftig nicht mehr variieren dürfen. Weitere Reformen sind notwendig: Das jetzige System erschwert vor allem Fortschritte, wenn es um längere Wertschöpfungsketten geht. Wer beispielsweise ein Kleidungsstück aus fair gehandelter Baumwolle anbietet, muss dafür vollständig fair produzierte Baumwolle nutzen und dies für alle Schritte der Produktionskette nachweisen. Einfacher wäre es, wenn die Firmen sich verpflichten würden, einen bestimmten Anteil ihrer Gesamtproduktion aus fair gehandelter Baumwolle zu produzieren. Dann bräuchte die Firma nur noch nachweisen, dass sie diese Menge tatsächlich bezogen hat.

Auf jeden Fall lohnt sich der faire Handel für viele Beteiligte. So viel lässt sich nach mehr als einem halben Jahrhundert an Erfahrung und diversen Forschungen belegen, wie denen des *Center for Evaluation* der Universität Saarland. Wer faire Waren anbaut, verfügt über »höhere und vor allem stabilere Einkommen« als nicht zertifizierte Produzenten, heißt es in einer der umfassendsten Studien, die bislang zu den Wirkungen des fairen Handels erstellt worden sind. Besonders deutlich zeigte sich dies bei den Kaffeebauern. Nur wer seine Ernte zumindest teilweise fair verkaufte, konnte auch bei niedrigen Weltmarktpreisen vom Kaffeeanbau leben. Vor allem aber trägt der faire Handel dazu bei, dass die Menschen ihre Belange vor Ort selbst in die Hand nehmen. Sie engagieren sich öfter als ihre Zeitgenossen in der Zivilgesellschaft. Auch von den Geldern des fairen Handels profitiert die Allgemeinheit, wenn beispielsweise eine peruanische Kaffeekooperative Straßen über eine Länge von 280 Kilometern baut.

Der faire Handel muss sich in den globalen Wirtschaftsstrukturen behaupten. Was die richtigen Rezepte sind, ist strittig. So propagierten die Amerikaner ein faires Siegel für Mischprodukte, welches bereits bei einem geringen Anteil fair gehandelter Rohstoffe auf der Packung aufgebracht wird, ein lang gehegter Wunsch der Industrie. Außerdem zertifizieren sie neuerdings große Kaffeeplantagen, um die wachsende Nachfrage bedienen zu können. Die restlichen Fair-Trade-Länder pochten dagegen bei Kaffee und einigen anderen Rohstoffen darauf, nur Kooperativen zu zertifizieren, um Kleinbauern den Rücken zu stärken, was ursprünglich ja auch das Kernanliegen des fairen Handels war. Großbetriebe sollen nur bei Produkten zertifiziert werden, wo es keine ausreichende Anzahl von Kooperativen gibt, wie bei Rosen, Tee oder Bananen. Einigen konnten sich die beiden Lager nicht. 2011 trennten sich ihre Wege.

Auf dem Alten Kontinent knirscht es ebenfalls. So verzichtet die *Gepa*, immerhin der größte Großhändler fairer Waren in Europa, mittlerweile auf das Siegel und verkauft die Waren lieber unter eigenem Namen mit dem Zusatz »fair plus«. Damit will der Großhändler deutlich machen, dass seine Standards über die von Fair Trade hinausgehen. Diesen Weg haben schon länger andere faire Handelshäuser wie *Banafair*, *El Puente* oder *Dritte Welt Partner* eingeschlagen. Welcher Konsument behält da noch den Durchblick? Die Bewegung verzettelt sich und denkt kleinteilig, anstatt Visionen zu entwickeln.

Dabei war es noch nie so einfach, einen globalen Weltladen aufzubauen. Man braucht den gewöhnlichen Handel nicht mehr zwangsläufig als Vertriebskanal. Man könnte es im Zeitalter des Internets selber machen. Wie schnell ein Onlinehändler wachsen kann, zeigt das Beispiel *Amazon*, der große Teile des stationären Buchhandels innerhalb weniger Jahre ersetzt hat. Warum sollte ein globaler Weltladen nicht Teile der gewöhnlichen Supermarktketten ersetzen? Konzipieren könnte man ein solches Unternehmen als eine internationale Genossenschaft. Dass große dezentral aufgebaute Genossenschaften funktionieren können, zeigt die spanische Unternehmensgruppe *Mondragón* mit ihren mehr als hunderttausend Beschäftigten. Die Chancen stünden bei einem solchen Projekt gut, dass der Anteil der Produzenten an der Wertschöpfung steigt und die Verbraucher trotzdem weniger für fair gehandelte Waren zahlen müssten. Ein globaler Weltladen könnte sich als Benchmark für faire Wirtschaftsstrukturen etablieren, was für die Verbraucher die Unterscheidung zwischen den Produkten entscheidend vereinfachen würde.

Gerechtere Handelsbedingungen und eine faire Beteiligung aller Beschäftigten an der weltweiten Wertschöpfung ist nur durch Regulierung erreichbar: Wir brauchen gerechtere Regeln im Welthandel. Dieses Ziel haben die Verfechter des fairen Handels ja auch ursprünglich verfolgt. Der heute praktizierte faire Handel ist eine Notlösung. Mit ihm wird eine Regulierungslücke kompensiert, soweit dies möglich ist. Über die Professionalisierung des fairen Handels haben viele Beteiligte das Hauptziel aus den Augen verloren. Das ist ein Fehler. Wer es für utopisch hält, eine weltweit faire Wirtschaft einzuführen, der sollte sich das Vorhaben der Abolitionisten in Erinnerung rufen: Auch sie hatten sich als Utopisten verspotten lassen müssen, als sie sich an die Abschaffung der Sklaverei machten.

Grüne Revolution: Altbewährtes sieht alt aus
Der Hunger ist eine Geißel der Menschheit und Hungerkatastrophen haben die Geschichte geprägt. Lange Zeit gab es immer wieder in bestimmten Regionen zu wenig Nahrungsmittel, um alle Menschen zu ernähren. Im 20. Jahrhundert hat die Landwirtschaft jedoch enorme Fortschritte gemacht: Die Nahrungsmittelproduktion ist deswegen sogar stärker gestiegen als die Bevölkerung. Die sogenannte grüne Revolution begann in den Sechzigerjahren, als Forscher eine Hartweizensorte mit einem stabileren Halm für Mexiko entwickelten. Zehn Jahre später konnte das Land seine Bevölkerung ernähren, zuvor musste die Hälfte der Nahrungsmittel noch importiert werden. Dann

züchteten die Wissenschaftler ertragreichere Reissorten, in Asien das Grundnahrungsmittel Nummer eins.

Dank solcher Hochleistungspflanzen, des Einsatzes von Kunstdünger und Pestiziden stieg die Ernte, sie könnte heute alle Menschen sättigen. Dass trotzdem eine Milliarde Menschen hungern und zwei Milliarden Menschen unter Mangelernährung leiden, liegt an der Armut der Menschen. Entsprechend ließe sich das Hungerproblem heute noch mit einer anderen Verteilung des Einkommens lösen. Künftig könnte das nicht mehr möglich sein. Denn wenn die Menschen nichts an der dominierenden industriellen Form des Landbaus und ihren Ernährungsgewohnheiten ändern, wird die Landwirtschaft die neun Milliarden Menschen kaum ernähren können, die in einem halben Jahrhundert voraussichtlich auf der Erde leben werden. Das liegt an dem enormen Ölbedarf der industriellen Landwirtschaft: Sie verbraucht mehr Energie, als sie produziert. Ohne Öl wächst nichts. Treibstoff benötigt ein Betrieb, damit Trecker und Melkmaschinen laufen. Öl ist aber auch der Basisstoff für Kunstdünger und Pestizide. Öl wird für das maschinelle Trocknen der Ernte ebenso gebraucht wie für das Beheizen der Gewächshäuser. Auf die Produktion von Lebensmitteln entfallen momentan zehn bis 15 Prozent des Energieverbrauchs. Die Nahrungsmittelindustrie schneidet in puncto Nachhaltigkeit sogar schlechter ab als die Automobilindustrie. Die grüne Revolution in der Landwirtschaft von gestern taugt also nicht für die morgen notwendige nachhaltige Landwirtschaft.

Sechs Jahre lange haben Vertreter von Regierungen, NGOs und Unternehmen sowie rund 500 Wissenschaftler die Lage im Weltagrarrat analysiert. Ihre Schlussfolgerung ist eindeutig: Ohne eine radikale Wende in der Agrarpolitik lässt sich das Welthungerproblem nicht lösen. Hans Herren, Ko-Präsident des Weltagrarberichts, ist vom Kollaps der industriellen Form der Landwirtschaft überzeugt:»Mit dem Auslaufen von fossiler Energie, der Basis für Kunstdünger und Agro-Chemikalien, wird sie in fünfzig bis hundert Jahren absterben.« Eine Änderung ist aus anderen Gründen ebenfalls überfällig: Konventionell erzeugte Nahrungsmittel mögen eine vergleichbare nahrungsmitteltechnische Nährstoffbilanz für den Verbraucher haben, aber es gibt einen gravierenden Unterschied für die Umwelt: So fördert der übliche exzessive Einsatz von Stickstoffdünger die Erosion der Böden und das Nitrat belastet das Grundwasser. An den giftigen Pestiziden, mit denen die Pflanzen gegen Schädlinge geschützt werden, sterben jährlich tausende von Bauern und Feldarbeiter und Bienenvölker. Zudem führt der Anbau in riesigen Monokulturen zu einer Erosion der Böden. Betroffen ist schon eine Fläche, die größer ist als die USA und Mexiko zusammen. Die einseitige Ausrichtung der industriellen Landwirtschaft auf wenige Pflanzen – 15 Sorten liefern neunzig Prozent der Kalorien – macht sie anfällig für Schädlinge und Krankheiten.

Frankenstein hätte heute seine Freude beim Blick in die Ställe der Landwirtschafts-Industrie: Er sähe hochgezüchtete und mit Kraftfutter aufgepäppelte Kühe, die jährlich 11 000 Liter Milch geben. Und dann sähe er Masthähnchen, die nach 35 Tagen reif für den Schlachter sind, und Schweine, die mehr Ferkel werfen, als sie Zitzen haben. Er erblickte Substanzen: denn ohne Medikamente geht kaum noch etwas.

Seit dem Beginn der grünen Revolution gab es jedoch kritische Stimmen. Einige Bauern und Verbraucher propagierten schon Ende der Sechzigerjahre eine nachhaltige Form der Landwirtschaft, weitgehend unbeachtet. Zu den Pionieren gehört eine Arbeitsgemeinschaft von Bauern, die bis heute den *Dottenfelder Hof* bewirtschaften. Er liegt in einer Schleife des Flüsschens Nida, am Rand des hessischen Bad Vilbel. Es gibt Dutzende Schweine, 800 Hühner und 80 Kühe auf der Weide. Statt künstlicher Besamung gibt es zwei stattliche Schwarzviehbullen. Hunde und Katzen streifen über das Gelände. In vierzig Jahren haben die Bauern aus einem heruntergekommenen Gehöft einen preisgekrönten Bilderbuchbetrieb gemacht, mit einer Lagerhalle für Kartoffeln, die ohne Heizung auskommt, und einer Photovoltaik-Anlage für die eigene Energieerzeugung. Sie orientieren sich an den Ratschlägen des Anthroposophen Rudolf Steiner, betreiben ökologisch dynamische Landwirtschaft, erkennbar an dem *Demeter*-Zeichen auf den Produkten. Mit ermöglicht haben diese Form der Landwirtschaft übrigens 130 Leute, die sich anfangs an der Pacht des Hofes beteiligt haben und seitdem in Naturalien entlohnt werden.

Auf den Tisch eines europäischen Konsumenten kommen heute mehr Biolebensmittel: 2011 stieg der Umsatz um neun Prozent auf 21,4 Milliarden Euro. Die Spannbreite des jährlichen Pro-Kopf-Konsums ist ziemlich groß: Sie reicht von den Schweizern mit 179 Euro bis zu Ländern wie Ungarn, Ukraine oder der Türkei, wo die Verbraucher dafür praktisch noch gar kein Geld ausgeben. Die Dänen kaufen für 162 Euro Bio-

Lebensmittel ein, in Österreich sind es 127 Euro und in Deutschland 94 Euro.

Wer als Konsument Bio-Produkte kauft, leistet zweifellos einen Beitrag für den Umweltschutz: So sind die Böden der Bio-Betriebe in einem besseren Zustand, weil die Bauern die Erde weniger tief pflügen. Das schützt den Boden vor Erosion und Bodenverdichtung. Und weil ihre Böden von Regenwürmern & Co bearbeitet werden, sind sie luftiger und es bildet sich mehr Humus, weswegen sie wiederum mehr CO_2 binden. Im Ökolandbau werden keine chemischen Pflanzenschutzmittel eingesetzt. Schädlinge werden mit natürlichen Mechanismen bekämpft, da vertilgt dann ein Marienkäfer Schädlinge. Davon hat der Verbraucher auch selbst etwas: Laut einer Untersuchung der *Stiftung Warentest* sind in drei Vierteln der Bio-Waren keine Pestizide enthalten, bei konventionellen Gemüse, Obst und Tee waren es elf Prozent. Vor allem nutzt die biologische Art der Landwirtschaft jedoch der Umwelt. Laut einer Vergleichsstudie des schweizerischen *Forschungsinstituts für Biologischen Landbau* gibt es beispielsweise auf den Weiden, auf denen Bio-Kühe grasen, sehr viel mehr Vögel, Amphibien und Schmetterlinge.

Seit 2007 haben 2300 Bauern in Deutschland ihre Höfe umgestellt. Jetzt gibt es hier 16 200 ökologische Betriebe. Anvisiert hatte die rot-grüne Bundesregierung einst einen Anteil von 20 Prozent Ökolandbau bis zum Jahr 2010. Die Wende im gewünschten Ausmaß ist auf den Äckern ausgeblieben, heute beträgt der Anteil der ökologischen Landwirtschaft an der landwirtschaftlichen Nutzfläche gerade einmal 5,8 Prozent und es gibt auch eine nennenswerte Zahl von Bauern, die wieder zu einer konventionellen Landwirtschaft zurückkehren. Fakt ist: Eine regional nachhaltige Landwirtschaft wäre in größerem Umfang nur möglich, wenn die Konsumenten wesentlich mehr Geld dafür ausgäben. Das ist jedoch unwahrscheinlich: »Viele Verbraucher wollen Bioprodukte, aber möglichst ohne Mehrpreis«, sagt die Psychologin Nicole Hanisch vom Marktforschungsinstitut *Rheingold*. Preisgünstige Biolebensmittel kommen daher ebenfalls oft aus Agrarfabriken. Da wachsen die Tomaten dann in riesigen Gewächshäusern, die sich nebeneinander aufreihen. Und ein großer Anteil der Biolebensmittel wird längst importiert, beispielsweise aus China. Was die Verbraucher zu zahlen bereit sind, reicht oft nicht aus, um eine regionale ökologische Landwirtschaft zu unterhalten.

»Die Landwirtschaft ist ein Zuschussbetrieb«, sagt der Bauer Martin Hollerbach. Der ökologische Anbau von Weizen oder die Herstellung von Milch alleine rechne sich auf dem Dottenfelder Hof nicht. »Die Preise müssten doppelt so hoch sein, wenn der Hof nur von den Ernteerträgen leben wollte«, sagt Hollerbach, der sich mit dem Zahlenwerk des Hofs gut auskennt, weil er für die Vermarktung zuständig ist. Das Modell funktioniert nur, weil der Hof seine landwirtschaftliche Wertschöpfung erweitert hat. Es gibt auf dem Gelände eine große Holzofenbäckerei, eine Konditorei und eine Käserei – zwanzig verschiedene Sorten reifen in dem alten Klosterkeller. Mit Brot, Käse und den anderen selbst verarbeiteten Produkten erwirtschaftet die Bauerngemeinschaft einen Gewinn. Der Hof mit seinen 120 Beschäftigten ist mit seinem Geschäftsmodell in der Gegend jedoch eine Ausnahme.

Eine Illusion müssen Verbraucher begraben: die von der nachhaltigen Fleischproduktion in großen Mengen. Eine wirklich nachhaltige Fleischproduktion ist nur in wenigen Ausnahmefällen möglich, wenn die Tiere beispielsweise auf Flächen grasen, die sonst nicht für den Ackerbau nutzbar sind, so wie die Almen in den Alpen. Sobald die Tiere mit Mais, Soja und sonstigem Kraftfutter gemästet werden, sieht die Klimabilanz von Schnitzel & Co katastrophal aus. Laut der Forscherin Christa Liedtke vom *Wuppertal Institut für Klima, Umwelt, Energie* benötigt man alleine für die Herstellung eines Hamburgers mit 100 Gramm Rindfleisch 35 Badewannen voll Wasser. Und die 20 Milliarden Nutztiere, die heute auf der Erde leben, fressen etwa ein Drittel der jährlichen Getreideernte – Tendenz steigend. Immer weniger Getreide bleibt übrig, um Menschen direkt zu ernähren.

Die Massentierhaltung verschärft außerdem die Klimaprobleme und gefährdet die Erholung der Ozonschicht: Denn das farblose Lachgas setzt in der Stratosphäre ebenso wie FCKWs eine Kettenreaktion in Gang, die zum raschen Abbau von Ozon führt. In die Atmosphäre gelangt das Gas vor allem durch die mikrobielle Zersetzung im Boden. Menschliches Verhalten spielt eine entscheidende Rolle: Der in Kunstdünger gebundene Stickstoff wird nämlich in Lachgas umgewandelt. Ebenfalls freigesetzt wird der Ozonzerstörer, wenn Dung aus der Tierhaltung verwandt wird. Bei der Fleischproduktion wird also gleich zwei Mal Lachgas freigesetzt: bei der Düngung der Futterpflanzen und bei der Nutzung des Dungs auf den Feldern. Im Jahr 2050 könnte das Lachgas bereits ein Drittel der »Ozonschädlichkeit« erreichen, die von den FCKWs im

Jahr 1987 ausgegangen waren, als sich deren Emissionen durch Industrie und Haushalte auf dem Höhepunkt befanden. Lachgas ist zudem nach CO_2 und Methan das drittwichtigste anthropogene Treibhausgas.

Offensichtlich kann die Menschheit nur stärker nachhaltig leben und Hungerepidemien vermeiden, wenn der Einzelne sich mit weniger Fleisch begnügt. Der Verzicht auf Fleisch ist jedoch, verglichen mit dem Ersatz von Spraydosen, eine gesellschaftliche Herkulesaufgabe. Schließlich müssen die Menschen vor allem in den Industrieländern ihren Lebensstil drastisch ändern. Der Widerstand ist groß, abzulesen an den aufgebrachten öffentlichen Reaktionen während des Bundestagswahlkampfs 2013 auf den Vorschlag der Grünen-Partei, einen fleischlosen Veggie Day in öffentlichen Kantinen und Schulmensen einzuführen. Dabei trägt die industrielle Fleischproduktion massiv zum Klimawandel bei. Außerdem geht der steigende Futtermitteleinsatz zu Lasten der Armen: Sie müssen oft ihre Felder räumen, damit dort beispielsweise in großem Stil Soja für die Futterproduktion angebaut werden kann.

Wenn es unserer eigenen Sicherheit oder Gesundheit dient, akzeptieren wir klaglos Vorschriften und Verbote. Wir schnallen uns im Auto an und verzichten im Restaurant auf das Rauchen. Was spricht dann eigentlich gegen den Verzicht auf Schnitzel und Currywurst an einem Tag der Woche? Zumal diejenigen, die es nicht lassen können, doch in das Schnellrestaurant gehen können. Mit freiwilligen Verhaltensänderungen allein dürfte eine Veränderung des Konsumverhaltens schwierig werden. Schließlich haben Menschen schon vor mehr als vierzig Jahren eine andere Ernährungsweise propagiert: Ramon und Achala Markus eröffneten 1971 in Berlin den ersten Bioladen Europas. Sie propagierten eine vegetarische Ernährungsweise und verkauften entsprechend Körner, Trockenfrüchte, Obst, Gemüse, Brot oder Müsli. Andere taten es ihnen gleich. Die Kunden packten auch schon einmal selbst mit an und es gab Händler, die eine offene Kalkulation führten und sich mit geringen Gewinnmargen begnügten, weil sie sich auch als neue Art Unternehmer verstanden. Ladenbesitzer und Kunden bildeten bisweilen in solchen Läden eine Gemeinschaft. Der Mainstream spottete über solche Ökos, die häufig mit Latzhose oder Birkenstocksandalen dargestellt wurden. Heute ist es in vielen Milieus schick, biologisch einzukaufen. Die passende Ware gibt es längst auch beim gewöhnlichen Einzelhändler und Discounter, allerdings meist ohne die Transparenz von damals.

Grüne Revolution 2.0: Kleinbauern gefragt statt Öl
Die Forderung nach einer Wende hin zu ökologischer Landwirtschaft und einer Förderung der kleinbäuerlichen Strukturen ist alt. Allerdings waren sich lange Zeit nahezu alle Agrarexperten einig, dass auf diese Weise niemals alle Menschen ernährt werden könnten. Schließlich ernten konventionelle Bauern auf ihren Feldern deutlich mehr als Biobauern. Laut dem Agrarbericht der Bundesregierung wachsen zum Beispiel auf einem konventionellen Feld hierzulande 6700 Kilogramm Weizen je Hektar, während es auf einem biologisch bewirtschafteten Feld nur 3800 Kilogramm sind.

Zuletzt gab es überraschende Erkenntnisse: Man könnte tatsächlich genug gesunde Nahrungsmittel für die Menschheit auf eine ökologische Art und Weise anbauen. Olivier De Schutter, UN-Sonderberichterstatter für das Recht auf Nahrung, konnte mit der Hilfe von Wissenschaftlern und praktischen Experimenten nachweisen, dass man auch bei ökologischer Landwirtschaft die Erträge noch deutlich steigern kann. Mit den richtigen Maßnahmen könnte die Lebensmittelproduktion in fünf bis zehn Jahren verdoppelt werden, so die Kernaussage seiner im Frühjahr 2011 vorgelegten Studie. Damit entfällt ein zentrales Argument, das Lobbyisten einer industrialisierten Landwirtschaft gebetsmühlenartig vortragen.

Grundlage der Studie waren zahlreiche Projekte ökologischer Landwirtschaft in 57 Entwicklungsländern. Für De Schutter ist in einer Welt limitierter Ressourcen ein möglichst naturgetreuer Anbau sogar erforderlich, bei dem chemische Mittel durch Nützlinge der Tier- und Pflanzenwelt ersetzt und die Bodenproduktivität durch schonende Feldbestellung gewährleistet wird. Selbst durch industrielle Nutzung ausgelaugte Böden können sich wieder regenerieren – allerdings dauert das lange Zeit: Hundert Jahre braucht es unter optimalen Bedingungen für die Bildung eines Zentimeters Boden.

In der ökologischen Landwirtschaft schlummert also ein riesiges Potenzial für eine ausreichende Versorgung der Weltbevölkerung. Heben lässt es sich, wenn man den Kleinbauern hilft, beispielsweise in der Sahelzone.

Ausländer verschlägt es selten nach Ouagadougou, die Hauptstadt von Burkina Faso, wenn sie nicht gerade Entwicklungshelfer sind oder zu den wenigen internationalen Gästen gehören, die das alle zwei Jahre stattfindende panafrikanische

Filmfestival besuchen. Wer von hier mit dem Jeep über staubige Pisten in den Südwesten des Landes fährt, kommt in die Trockensavanne. Hier wächst Baumwolle, das weiße Gold. Der Wagen schiebt das meterhohe Gras beiseite, vorbei geht es an Mais-, Hirse- und Baumwollfeldern, bis zu der Siedlung Complan. Zu ihr gehört auch ein Hof mit fünf Lehmhütten. Hier wohnt Martha Somé mit Mutter, Schwägerin, Nichte, einer kleinen Tochter und ihren beiden Söhnen. Somé ist seit dem Tod ihres Mannes verantwortlich für die siebenköpfige Familie.

Morgens um fünf Uhr steht sie auf, putzt die Hütte und erledigt den Abwasch. Dann geht sie zum Fluss und holt Wasser, balanciert es in einer Schüssel auf dem Kopf nach Hause, wie alle Frauen hier. Sie kocht To, einen Brei aus Wasser, Hirse und Maismehl. Wenn sie die Hausarbeit erledigt hat, geht sie auf das Feld. Martha besitzt vier Hektar Land. Sie pflanzt dort Mais, Hirse und Erdnüsse für den Eigenbedarf an und Baumwolle zum Verkauf. In Marthas Welt gibt es weder Zeitung noch Fernseher. Nur ein kleines Radio steht in der Hütte.

Die meisten Neuigkeiten verbreiten sich in der Gegend wie seit Generationen von Mund zu Mund. Somé erzählt, dass sie neugierig geworden sei, als sie hörte, man könne Baumwolle ohne Pestizide und Kunstdünger anbauen, und das auch noch viel günstiger. Ihr erster Gedanke war, dass sie dann möglicherweise auf den Gang zum örtlichen Geldverleiher verzichten könne. Auf den sind nämlich viele Kleinbauern angewiesen, um Saatgut, Dünger und Pestizide vorzufinanzieren. Zum Problem wird dieser Mechanismus bei Missernten. Um den Kredit zurückzahlen zu können, müssen Bauern dann oft Vieh oder Land verkaufen und verlieren damit ihre ökonomische

Basis. Immer noch kommt es in dieser Gegend vor, dass Eltern aus Not ihre Kinder verkaufen. Sie landen dann oft auf den Kakao-Plantagen in Ghana oder der Elfenbeinküste.

Somés Kooperative gehörte zu den ersten fünf, die in Burkina Faso mit der Anpflanzung biologischer Baumwollfasern 2006 begonnen haben. Anfangs waren es 26 Bauern, mittlerweile sind es über tausend. Berater kamen auf Mopeds vorbei und gaben ihnen Tipps für den biologischen Landbau. Ein Viertel ihres Landes hat sie mit Baumwollsträuchern bepflanzt. Zum Schutz der Pflanzen gegen Insekten benutzt sie eine Mischung aus Samen des Neem-Baumes und eines Wirkstoffes aus der Naipan-Pflanze, die sie in Wasser auflöst. Das ist billig, viel billiger als die teuren Pflanzenschutzmittel von *Monsanto* oder *Bayer* und vor allem hat es keine schädlichen Nebenwirkungen. Zwei Jahre dauert es, bis ein konventionelles Feld auf Biobaumwolle umgestellt ist. Im Herbst 2007 holte sie ihre erste Ernte ein. Es hätte mehr sein können. Noch hapert es an der ausreichenden Menge Kompost. Trotzdem ist sie stolz auf das Geschaffte. Sie erzählt, dass sie sich von der ersten Ernte einen zweiten Zugochsen gekauft habe, und diesmal will sie sich einen Pflug leisten und wer weiß, vielleicht beim nächsten Mal sogar einen Esel. Dann braucht sie den Karren nicht mehr selbst zu ziehen. Schon jetzt ist Martha besser ausgestattet als die meisten Baumwollbauern der Region. Möglich machen dies Konsumenten, die beim Kauf ihrer Kleidung darauf achten, ob sie nachweislich fair und biologisch hergestellt ist.

Eigentlich könnten und sollten wir die industrielle Landwirtschaft also ausrangieren – tatsächlich ist sie jedoch auf dem

Vormarsch. Wie unselig die Folgen sind, zeigt besonders eklatant die Geflügelproduktion. In Deutschland wollen laut dem *Bund für Umwelt und Naturschutz* Hühnermäster ihre Kapazitäten in den nächsten Jahren von 60 auf rund 100 Millionen Plätze in den Ställen erhöhen. Schon jetzt überschwemmen sie Afrika mit Hühnerteilen, für die es in Europa keinen Bedarf gibt. Laut dem Europäischen Statistikamt stiegen die Ausfuhren 2012 um 120 Prozent auf 42 Millionen Kilogramm Geflügelfleisch. Die afrikanischen Erzeuger können bei Importpreise von etwa 80 Cent je Kilo nicht mithalten. Sie werden aus dem Markt gedrängt, kritisiert Francisco Mari, Agrarhandelsexperte bei der evangelischen Entwicklungsorganisation *Brot für die Welt*. Es geben auch Hühnerzüchter auf, die auf eine nachhaltige Art und Weise ihre Tiere halten, bisweilen gefördert von Entwicklungshilfeorganisationen aus dem Westen.

An dieser fatalen Entwicklung kann kein Konsument in den Industrieländern etwas ändern. Natürlich sollte er schon aus ökologischen Gründen die Hände von solchem Geflügelfleisch lassen. Allerdings verschärft er damit den perversen Mechanismus. Wenn viele Verbraucher das Fleisch verschmähen, werden die Großschlachter eben noch mehr Geflügel auf die Dritt-Welt-Märkte werfen, um ihre Anlagen auszulasten und ihren Profit zu maximieren. Wer diesen Missstand beheben will, der muss politisch eingreifen.

Nur durch eine wirksame Regulierung lässt sich die fatale Expansion der Fleischindustrie stoppen. Politisch könnte auch eine Extrasteuer auf Futtermittelimporte beschlossen werden oder noch wirksamer, eine Verpflichtung für die Mäster, alles Futter aus heimischer Produktion zu beziehen. Und politisch kann auch darauf gedrängt werden, dass sich die Länder in Afrika mit Zöllen gegen die unseligen Importe schützen könnten. Und nur in der politischen Arena können die Menschen den größten Hebel bedienen, um die gesamte Landwirtschaft auf einen nachhaltigen Pfad zu bringen: Heute wälzt die Agrarindustrie in gehörigem Ausmaß Kosten auf die Umwelt und die Allgemeinheit ab. Wenn die Betriebe für diese Kosten selbst aufkommen müssten, wäre die jetzige Produktion in großen Teilen unrentabel.

Grenzen der Einkaufsmacht: Fehlende Angebote

Otto Moralverbraucher kann nur aktiv werden, wenn es ein entsprechendes Angebot gibt. Was trivial klingt, hat erhebliche Konsequenzen im Alltag. Denn das Angebot richtet sich in erster Linie nach den Gewinn- und Selbsterhaltungsinteressen der Unternehmer und erst in zweiter Linie nach den Bedürfnissen der Konsumenten. Wenn es keinen FCKW-freien Kühlschrank gibt, kann ich keinen kaufen. Wenn es keine ethisch-ökologische Bank gibt, kann ich mein Geld nur unter dem Kopfkissen deponieren, wenn ich es zu keiner gewöhnlichen Bank bringen will. Als einzelner Verbraucher kann ich ausharren, bis mir irgendjemand das gewünschte Produkt doch noch anbietet. Ich kann aber auch meine Rolle wechseln und selbst mit anderen Bürgern unternehmerisch tätig werden oder andere finanziell unterstützen, die ein alternatives Angebot schaffen wollen. Es ist der uralte Selbsthilfegedanke, der beispielsweise bis heute in der Genossenschaftsbewegung lebendig ist.

»Dass bis zu 120 000 Menschen an einer Anti-AKW-Demonstration teilnahmen, wie es in der Bundesrepublik vorkam, steht nach heutiger Erkenntnis auf der ganzen Welt einzig da«, schreibt der Historiker Joachim Radkau in *Die Ära der Ökologie*. Bürger haben den Atomausstieg aber nicht nur ermöglicht, weil sie auf die Straße gegangen sind, sondern auch, weil sie wissenschaftliche Fakten erarbeitet haben, Mitbürger aufgeklärt sowie an einer anderen Energieerzeugung gearbeitet haben. So wie die 27 Bürger, die sich bei den Protesten gegen das Atomkraftwerk im baden-württembergischen Wyhl kennengelernt hatten. Sie gründeten im Jahr 1977 das *Ökoinstitut* in Freiburg. »Wir können nur hoffen, wenn wir selbst handeln!«, lautete ihr Motto. Das Institut lieferte vielfältige wissenschaftliche Expertisen zur Atomenergie und alternativen Ansätzen. Nach dem GAU des Atomkraftwerks Fukushima 2011 war es ein Experte des *Ökoinstituts*, der sich dezidiert über die Folgen äußern konnte.

Aus den Reihen der Anti-AKW-Bewegung stammen auch viele der Pioniere, die in den Achtzigern diverse Anlagen zur Gewinnung von Strom aus Sonne oder Wind praktisch realisiert haben, wie Günter Wagner. Der Erfinder wollte 1982 ein Zeichen gegen Kernkraft und Kohle setzen und montierte Rotoren auf einen 70 Jahre alten Kutter – es war die erste deutsche Offshore-Anlage. Andere konstruierten Windräder aus verrosteten Öltanks und Geschirrspülautomaten, Lkw-Achsen und Oberleistungsmasten. Vielerorts schossen kleine Windräder aus dem Boden, für den Umweltjournalist Kriener »Symbol einer dezentralen und vor allem risikofreien Energieversorgung«.

1986 hatte die Havarie in Block 4 des Atomkraftwerks W. I. Lenin in der ukrainischen Stadt Tschernobyl ganz Europa in Schrecken versetzt. Plötzlich war Radioaktivität in Hamburg, München und Berlin eine reale Bedrohung. Vielen Verbrauchern war jetzt nicht mehr egal, welcher Strom aus der Steckdose kam – sie wollten keinen Atomstrom mehr kaufen. Aber Konsumenten waren in puncto Strom machtlos. Sie mussten ihren Strom bei dem regionalen Monopolisten kaufen. Wo dieser seinen Strom bezog, war Sache des Unternehmens. Und selbst wenn ein fortschrittliches Stadtwerk grüne Energie angeboten hätte, hätten diesen nur Verbraucher aus dessen Verbreitungsgebiet ordern können.

Stromrebellen: Selbst ein Kraftwerk betreiben

»Ich war zornig, dass nach dem Unglück nicht wirklich etwas passiert ist«, erzählt Ursula Sladek. Sie ist heute Geschäftsführerin bei den Elektrizitätswerken Schönau. Firmensitz ist ein alter Fabrikbau, kurz hinter der Ortseinfahrt der Schwarzwaldgemeinde. Früher wurden hier Zahnbürsten hergestellt. Schon seit Jahren verkauft die Genossenschaft EWS hier aber schon »Strom – garantiert ohne Atomkraft«.

Die Sladeks hatten sich einer örtlichen Bürgerinitiative angeschlossen. Sie gründeten eine Firma und brachten zwei kleine ausrangierte Wasserkraftwerke ans Laufen. Die zuständigen Kraftwerksübertragungswerke Rheinfelden (KWR) weigerten sich, die beiden Kraftwerke an das Netz anzuschließen. Darauf beschlossen die Aktivisten, die Stromversorgung der Gemeinde selbst zu kaufen. Die Idee spaltete die Bürger des Ortes in zwei Lager. Am Ende gewann jedoch die Initiative knapp die Abstimmung und der Gemeinderat beschloss entsprechend den Erwerb des Stromnetzes. Die Bürger sammelten Geld, aus anderen Regionen meldeten sich Unterstützer. Vier Millionen Euro waren bald auf dem Treuhandkonto, was dem geschätzten Preis für das Ortsnetz entsprach. Doch die KWR forderten mehr als das Doppelte. Die Initiative stand vor dem Scheitern. Schließlich beschlossen die Aktivisten, Bürger aufzufordern, ihnen Geld zu schenken. Damit wollten sie den geforderten Kaufpreis von 8,7 Millionen D-Mark unter Vorbehalt zahlen und anschließend in Ruhe gegen die Netzverkäufer klagen, um den überhöhten Preis zurückzubekommen. Der Plan klingt verrückt, ging aber auf, auch dank einer bundesweiten Werbekampagne.

Über schwarz-weißen Porträtfotos, vom Baby über die Studentin bis zum Landwirt, klebte ein gelber Balken: »Ich bin ein Störfall«. Mit solchen Anzeigen warben sie für ihr Projekt. Innerhalb von sechs Wochen spendeten Bürger eine Million D-Mark. Der damalige Chef der KWR meldete sich bei Sladek und warf ihr vor, sie zerstöre das Ansehen des Kraftwerkbetreibers. »Da habe ich gesagt, da verstehen Sie irgendetwas falsch, nicht wir zerstören Ihr Image, Sie zerstören es selbst gerade.« Die KWR senkte ihre Forderung von 8,7 auf 6,2 Millionen Mark – die Schönauer kauften das Netz und übernahmen im Juli 1997 die Stromversorgung ihrer Gemeinde. Auch ihre Klage gegen einen überhöhten Kaufpreis war erfolgreich. Trotzdem konnte kein Konsument außerhalb der Schwarzwaldgemeinde dessen Energie kaufen, um dieses Vorhaben und grüne Stromerzeugung zu unterstützen.

Das wurde erst möglich, als die Politik den Elektrizität- und Gasmarkt 1998 liberalisierte. Jetzt konnten die Energierebellen bundesweit Ökostrom anbieten. Nun erreichten sie viel mehr Verbraucher, die mit dem Kauf dieses Stroms die Energiewende unterstützen konnten. Überhaupt hat sich die Politik als entscheidender Katalysator für den Siegeszug regenerativer Energie in Deutschland gewirkt. Den Boom bei erneuerbaren Energien verdanken wir ja weniger grünen Stromkunden als der politisch initiierten Einspeisevergütung. Sie gibt einem Anbieter grünen Stroms die notwendige Planungssicherheit, weil die großen Energieversorger verpflichtet sind, den kompletten Strom aus Wind und Sonne zu vorgeschriebenen Preisen in die Netze einzuspeisen. Der Staat verpflichtet quasi alle Bürger als Konsumenten, ihr Scherflein beizutragen. Im Jahr 2013 zahlte ein Durchschnittshaushalt deswegen zwangsweise 5,3 Cent Ökostromumlage je Kilowattstunde, für einen Durchschnittshaushalt waren das gut 180 Euro im Jahr. Das ist fast doppelt so viel, wie die Bürger in Deutschland pro Kopf freiwillig für Biolebensmittel ausgeben, und 30-mal mehr als für mehr faire Produkte. Der Vergleich ist ein Indiz dafür, wie lange es wohl gedauert hätte, wenn man die Energiewende alleine den Entscheidungen von Otto Normalverbraucher überlassen hätte.

Gut 135 000 Kunden beziehen heute ihren Strom bei der Genossenschaft in Schönau. Das Modell hat Schule gemacht. Seit 2005 sind rund 506 Energiegenossenschaften in Deutschland gegründet worden. Sie haben laut Deutschen Genossenschafts- und Raiffeisenverband schon rund 800 Millionen Euro in erneuerbare Energie investiert. Auch deswegen kam im Jahr 2011 bereits ein Fünftel des Stromverbrauchs hierzulande aus regenerativen Energien.

Wer als Verbraucher in Österreich eine alternative Bank sucht, wird nicht wirklich fündig? Bald könnte sich das ändern. Zumindest wollen dies einige Aktivisten erreichen. Arbeitstitel ihrer Bank: *Demokratische Bank*. Auslöser waren Äußerungen von Josef Ackermann. Der Chef der *Deutschen Bank* forderte im Herbst 2008 die Schaffung einer sogenannten europäischen »Bad Bank«, die den Finanzmüll der Institute aufnehmen sollte – haften sollte dafür die Allgemeinheit. In Österreich nahmen Aktivisten diese Überlegungen zum Anlass, grundsätzlich selbst über die Rolle von Banken in der Gesellschaft nachzudenken. Sie entwickelten ein Konzept für ein generell demokratisch organisiertes Bankwesen.

Ihr Konzept »Good Bank« veröffentlichten sie im Mai 2010. Es beschreibt ein System demokratischer Banken. Bei diesen Instituten solle »der Vorstand direktdemokratisch gewählt und vom ebenfalls direkt gewählten Demokratischen Bankenrat aufgesehen« werden. In diesem Rat sollen Vertreter der Beschäftigten, Konsumenten und Schuldner, Vertreter der kleinen und mittleren Firmen sowie eine Gender-Beauftragte und eine Umwelt- und Zukunftsanwältin sitzen. Die demokratischen Banken soll es auf drei Ebenen geben: lokal sowie auf Landes- und Bundesebene. Die lokalen Bankenleiter sollen aus ihrer Mitte bei öffentlichen Sitzungen Vorstand und Aufsichtsrat der Landes- und gemeinsam mit dieser der Bundesebene wählen. Ein solches Bankensystem mit basisdemokratischen Entscheidungen lässt die Gesetzgebung aber überhaupt nicht zu. Wer es umsetzen will, muss politisch tätig werden und die Regeln ändern. Das ist auch den Aktivisten klar.

Vorab wollen sie schon einmal einen Prototyp einer alternativen Bank gründen, als Genossenschaftsbank. Auf Ablehnung stießen ihre Pläne jedoch, als sie bei den herkömmlichen Genossenschaftsbanken anfragten, ob sie dort Mitglied werden könnten. Einem solchen Bankenverband müssen sie jedoch angehören, um bei einem Sicherungssystem andocken zu können. Das schreibt der Gesetzgeber zum Schutz der Einlagen der Verbraucher vor. Die Neu-Banker müssen auch qualifizierte Mitarbeiter präsentieren, einen überzeugenden Geschäftsplan erarbeitet haben und sich mit Fragen der Risikokontrolle und IT-Systeme beschäftigen und mindestens fünf Millionen Euro Eigenkapital vorweisen. Wenn alles gut läuft, wollen sie Ende des Jahres 2014 starten und einiges anders machen. Dem Mitgründer und Publizisten Christian Felber ist vor allem ein anderer Umgang mit Zinsen ein Herzensanliegen. Die Zinsfrage beschäftigt ihn, wie fast jeden, der bislang eine alternative Bank gegründet hat. Die Demokratischen Banker wollen ihren Kunden einen freiwilligen Zinsverzicht nahelegen. »Es ist doch vollkommen unlogisch, dass die breite Bevölkerung sich über Zinseinnahmen freut, weil sie diese Zinsen ja selber zahlen«, sagte Felber in einem Wiener Caféhaus. Und damit spricht er einen Mechanismus an, den viele übersehen, wenn sie sich über ihre Zinsen freuen. Natürlich versuchen Unternehmen, ihre Zinskosten auf die Käufer ihrer Produkte abzuwälzen. Es gibt Berechnungen, nach denen 15 Prozent der Bevölkerung in Deutschland Zinsgewinner sind, also unterm Strich mehr Zinsen erhalten, als sie zahlen. 85 Prozent zahlen jedoch mehr Zinsen als sie erhalten. »Das Zinssystem ist eine große Umverteilungsmaschine. Wenn die Menschen das wüssten, verzichteten sie gerne auf Sparzinsen«, gibt sich Felber zuversichtlich. Nur weil es solche Pioniere gibt, die unternehmerisch tätig werden, können die Österreicher schon bald vielleicht auch beim Geld einen anderen Konsumentenwillen umsetzen.

Neue Aufgaben und Hindernisse für Verbraucher

Klimakampf: Von individuellen und kollektiven Irrtümern
Die Industrialisierung hat die Gesellschaft umgewälzt. Sie begann in Großbritannien, wo die Dampfmaschine und der mechanische Webstuhl erfunden wurden. Erste Industriestadt der Welt wurde Manchester. Vom Land strömten die Leute scharenweise in den Ort, um sich als Arbeiter in den Färbereien, Spinnereien und Textilfabriken zu verdingen. Die Not auf dem Land war groß. Aber zumindest konnten sich die Leute dort Nahrungsmittel selbst anbauen oder bei Bauern einkaufen, die sie kannten. In der Stadt waren sie von ihren traditionellen Versorgungsmöglichkeiten abgeschnitten. Hier waren sie auf die Händler angewiesen, die sie oft übervorteilten. Manche streckten Mehl mit Gips oder Kaffee mit Sand, verkauften unter Zuhilfenahme von Rinderblut alten Fisch als Frischware oder färbten Nudeln mit Urin gelb. Regelmäßig übervorteilten Krämer ihre Kunden auch beim Wiegen der Waren. Die Arbeiter schimpften und beschwerten sich, oft erfolglos.

Darauf gründeten 28 Arbeiter in Rochdale, einer Ortschaft bei Manchester, die erste Konsumgenossenschaft und eröffneten am 21. Dezember 1844 einen eigenen Laden. Das Angebot war spärlich, aber es gab unverfälschte Ware zu feststehenden Tagespreisen. Jedes Genossenschaftsmitglied erhielt entsprechend seiner Einkäufe eine Rückvergütung aus dem Gewinn des Ladens. Auch sonst waren die Konsumpioniere ziemlich fortschrittlich: Männer und Frauen waren in ihrer Runde gleichberechtigt und die Religion ihrer Mitglieder spielte keine Rolle. Außerdem hatte jedes Mitglied eine Stimme, egal wie viel Genossenschaftsanteile es gezeichnet hatte. Die Idee kopierten andere. 1864 gab es in England und Schottland bereits 600 Konsumgenossenschaften mit etwa 130000 Mitgliedern.

Der Kampf der Konsumenten gegen schlechte Waren und überhöhte Preise blieb dennoch ein Dauerthema. Immer wieder boykottierten Verbraucher sogar Geschäfte, um deren Betreiber zum Einlenken zu bringen. Noch 1973 beteiligten sich massenhaft amerikanische Verbraucher an einem Fleischboykott in den USA, zu dem Hausfrauenverbände wegen überhöhter Preise aufgerufen hatten; der Fleischverkauf sank während des Boykotts um fast ein Drittel.

Seit den Anfängen der Industrialisierung hat sich die Entscheidungsgrundlage für die Verbraucher beim Einkaufen deutlich verbessert. Bis weit in das 20. Jahrhunderts tappten sie weitgehend im Dunklen, weil sie gewöhnlich nur die Informationen der Hersteller bekamen; die waren naturgemäß oft geschönt und unvollständig. Produzenten wissen logischerweise über die Beschaffenheit ihrer Waren besser Bescheid als deren Käufer. Wissenschaftler sprechen von dem typischen Fall einer asymmetrischen Information, weil eine Seite mehr oder bessere Informationen hat als die andere.

Um sich selbst mehr Durchblick beim Einkauf zu verschaffen, gründeten US-Verbraucher in den Dreißigerjahren die sogenannten *Consumer Unions*. Diese Organisationen testeten Waren und deckten Mängel oder irreführende Werbung auf – darüber informierten sie ihre Mitglieder. Um Verbraucheranliegen kümmerte sich damals kaum ein Politiker. In den Vierzigerjahren entwickelten die amerikanischen *General Federations of Women's Clubs* sogar einen Katalog von Grundrechten, die jedem Verbraucher zustehen sollten. Das Thema gewann an politischer Relevanz. Zwei Jahrzehnte später kritisierte Präsident John F. Kennedy bei einer Rede vor dem Kongress 1962 den unzureichenden Konsumentenschutz: »Wenn einem Verbraucher minderwertige Produkte angeboten werden, wenn die Preise überhöht sind, wenn Medikamente unsicher oder nutzlos sind, wenn der Verbraucher nicht in der Lage ist, auf der Basis guter Informationen auszuwählen, dann sind seine Dollar vergeudet, seine Gesundheit und Sicherheit womöglich bedroht und das nationale Interesse leidet.«

Der Präsident forderte vier Grundrechte für Konsumenten: Das Recht auf Sicherheit sollte Verbraucher vor gesundheits- und lebensgefährdenden Produkten bewahren; das Recht auf Information sollte ihnen eine ausreichende Entscheidungsbasis ermöglichen und vor irreführender Werbung schützen; das Recht auf Auswahl sollte ihm einen Zugang zu unterschiedlichen Angeboten verschaffen und in Branchen, wo kein Wettbewerb möglich ist, sollte der Staat für entsprechende Angebote zu fairen Preisen sorgen; das Recht auf Anhörung sollte gewährleisten, dass Verbraucheranliegen bei Regierungsvorhaben berücksichtigt werden. Später sprach man in Anlehnung an die Grundrechte der US-Verfassung auch von der Consumer Bill of Rights.

Auch in anderen Ländern sah die Politik Handlungsbedarf: So beschloss die Bundesregierung in den Sechzigerjahren die Gründung der *Stiftung Warentest*, um dem Verbraucher unabhängige Informationen zur Verfügung zu stellen. Was uns heute selbstverständlich erscheint, sorgte damals für helle Aufregung bei den Herstellern. Der Bundesverband der Deutschen Industrie lief dagegen Sturm und behauptete tatsächlich: Verbraucher seien »durch Werbung im ausreichenden Maße unterrichtet«. Bis heute entstanden diverse staatliche und private Verbraucherschutzorganisationen, spezielle Zeitschriften mit Vergleichen von Produkten und eine Menge herstellerunabhängige Informationen für Verbraucher in den Medien. Einen Schub an neuen Möglichkeiten brachte das Internet. Trotzdem stehen die Verbraucher heute vor einer schwierigeren Aufgabe als die Konsumpioniere: Denn es geht nicht mehr allein um die Frage, welcher Konsum für einen persönlich unschädlich oder sinnvoll ist, sondern auch darum, wie sich der eigene Konsum auf andere auswirkt.

Auf Grenzen von Produktion und Konsum wies der *Club of Rome* im Jahr 1972 in dem Bericht über die *Die Grenzen des Wachstums* hin. Die Forscher um Dennis Meadow untersuchten in verschiedenen Szenarien, wie lange wichtige Rohstoffe bei anhaltendem Verbrauch und steigender Bevölkerung noch ausreichen würden. Ihr Fazit: Wenn die Menschheit nicht umsteuere, werde die Erde im Laufe der nächsten hundert Jahre an ihre Wachstumsgrenze stoßen, die Wirtschaft kollabieren und die Weltbevölkerung drastisch schrumpfen. Das war für viele Zeitgenossen ein Schock. Denn aus europäischer Perspektive hatte sich die Erde bis dahin als grenzenlos erwiesen. Die Europäer hatten neue Kontinente entdeckt und erobert, sich deren Bodenschätze und sogar Menschen angeeignet und damit die Grenzen für ihren eigenen Konsum ausdehnen können. Das prägte ihr Denken. Wer dachte schon daran, dass eines Tages jeder Mensch auf der Welt für sich den gleichen Wohlstand beanspruchen und sich die Ressourcen der Erde als endlich erweisen könnten? Eine Verschiebung der Grenze ist heute nur noch in Science-Fiction möglich, wo man davon träumen kann, fremde Planeten auszubeuten.

Die Prognosen der Forscher waren zu pessimistisch, jedenfalls was den Zeitablauf anbelangt. Denn die Menschen waren erfinderischer als angenommen; sie entwickelten beispielsweise Verfahren zur Nutzung alternativer Energien, die in den Szenarien keine Rolle spielten, oder sie entdeckten neue Vorkommen an Öl und Gas und entwickelten Technologien, um aus den alten Lagerstätten mehr herausholen zu können. Trotzdem ist die Diagnose des »Club of Rome« grundsätzlich richtig: Denn in einer endlichen Welt kann es keinen unendlichen Verbrauch von Ressourcen geben.

Neben das Problem der begrenzten Ressourcen trat in der Folgezeit immer offensichtlicher das Abfallproblem. Unser Wirtschaftssystem produziert jede Menge Schadstoffe und Müll, die auf der Erde, in den Ozeanen oder der Atmosphäre abgeladen werden. Das hat gravierende Konsequenzen, allen voran die Klimaerwärmung durch Kohlendioxid, das bei der Verbrennung fossiler Brennstoffe entsteht. Nur ein radikaler Umbau der Wirtschaft könnte noch verhindern, dass sich das

Klima um mehrere Grad erwärmt, was gefährliche Folgen hätte wie einen Anstieg des Meeresspiegels, ein Wetter mit mehr Extremereignissen wie Stürmen, eine Wüstenbildung in bestimmten Regionen und mehr Dürreperioden. Die Aufgabe ist klar: Der ökologische Fußabdruck, also die definitionsgemäß für die Aufrechterhaltung des Lebensstandards eines Menschen notwendige Fläche, muss sinken. Hier sind vor allem die Unternehmer und Verbraucher in den Industrieländern gefragt, sie müssten den Kohlendioxid-Ausstoß auf ein Fünftel reduzieren.

Leo Riebenbauer arbeitet daran. Der Betreiber eines Ingenieursbüros in der Steiermark gehört zu den Ökopionieren in Österreich. Er plant mit seinen 17 Mitarbeitern Anlagen für erneuerbare Energie. Der Ingenieur steht an diesem Spätsommertag vor einem Haufen Hackschnitzeln aus Holz und erzählt begeistert von der damit betriebenen Nahwärme-Anlage, die er für die Kleinstadt Friedberg in der Steiermark geplant hat. Aus den umliegenden Wäldern werden Bäume angeliefert, die für die sonstige Nutzung ungeeignet sind, weil sie morsch, hohl oder minderwertig sind. »Zwei Kilo Holz ersetzen einen Liter Öl und das Holz wird maximal 15 bis 20 Kilometer transportiert und nicht aus dem Nahen Osten hergeschafft«, sagt Riebenbauer. Mit der Energie der Anlage werden alle öffentlichen Gebäude und viele Privathäuser in der Innenstadt von Friedberg mit seinen 2574 Bewohnern nachhaltig geheizt. Und die Anlage selbst wird mit Solarstrom betrieben, der auf dem Dach des Kesselhauses installiert ist. Punktuell ist eine nachhaltige Wirtschaftsweise also schon verwirklicht. Insgesamt entfernt sich die Weltwirtschaft jedoch immer weiter von dem Ideal einer Nachhaltigkeit, wie es die Brundtland-Kommission 1987 formuliert hatte. Gro Harlem Brundtland war damals norwegische Ministerpräsidentin und Vorsitzende der sozialdemokratischen Arbeiterpartei. Unter ihrer Führung veröffentlichte die Kommission für Umwelt und Entwicklung der Vereinten Nationen einen Bericht mit dem Titel »Our Common Future«, der den Begriff der Nachhaltigkeit prägte.

Mit dem bürokratisch anmutenden Wort ist eine Form des Lebens und Wirtschaftens gemeint, die sich durchhalten lässt, ohne natürliche Ressourcen, Natur und Umwelt rigoros zu verbrauchen. In den Worten des »Brundtland-Berichts«: »Dauerhafte Entwicklung ist Entwicklung, die die Bedürfnisse der Gegenwart befriedigt, ohne zu riskieren, dass künftige Generationen ihre eigenen Bedürfnisse nicht befriedigen können.« So schrieben die Experten in ihren Ausführungen, mit denen der weltweite Diskurs über Nachhaltigkeit in Schwung kam. Drei Dimensionen sind dabei zu berücksichtigen: das natürliche Kapital an Rohstoffen, Boden und Luft; das Sozialkapital, welches in den gesellschaftlichen Institutionen einer Volkswirtschaft beruht, sowie das betriebswirtschaftliche Kapital wie Werkzeuge, Maschinen und Produktionsanlagen.

Der »Brundtland-Bericht« sollte international in praktisches Handeln umgesetzt werden. Und so folgte auf die Veröffentlichung 1992 die Rio-Konferenz. Man machte sich Sorgen über die Zukunft des Planeten. Rio war der erste Umweltgipfel, auf dem die Welt gerettet werden sollte. Leider zeigen die Jahre seit der Konferenz von Rio, wie das rasante Wachstum der Weltwirtschaft, wie die Aufholjagd der Schwellenländer mit ihren zweistelligen Wachstumsraten zum Gegenteil von Nachhaltigkeit geführt haben: zum Abbau von Bodenschätzen, Abholzen der Wälder, Verschwinden von Tierarten und zu CO_2-Emissionen, die zum Entsetzen der Klimaforscher weiter steigen, weil der Energieverbrauch Jahr für Jahr wächst.

Der Umweltverbrauch hat bereits Anfang der Siebzigerjahre die Regenerationsfähigkeit der Erde überschritten und nimmt immer weiter zu. Der »Earth Overshoot Day«, also der Tag, an dem wir die uns für das laufende Jahr eigentlich zur Verfügung stehenden Ressourcen verbraucht haben, fiel im Jahr 1993 auf den 21. Oktober, 2003 auf den 22. September und 2013 schon auf den 20. August. Ab diesem Tag leben wir von der Substanz, das heißt: Wir verbrauchen mehr Gemeingüter wie Luft, Wasser oder Erde, als die Erde wiederherstellen kann. Bisher ist diese Abwärtsspirale nicht gestoppt.

Unternehmen, Behörden und private Haushalte müssen bis heute zu selten etwas tun, um genutzte Gemeingüter zu schonen oder wieder herzustellen. Betriebswirtschaftlich lohnt sich das für sie und ihre Eigentümer, aber auch für die Käufer ihrer Produkte. Auf den Kosten bleiben die Allgemeinheit und künftige Generationen sitzen. Die Menschheit wälzt laut dem britischen Beratungsunternehmen *Trucost* schon jetzt jährlich auf das Naturkapital Umweltkosten von rund elf Prozent des Weltsozialprodukts ab. In dem Umfang unterbleiben notwendige Maßnahmen zur Erhaltung abgenutzter Gemeingüter wie der Meeresfauna, die durch auslaufendes Öl zerstört wird, oder der Wälder und Bauten, die durch sauren Regen geschädigt werden. Wenn der Trend anhält, steigt der Anteil auf die Natur abgewälzter Kosten bis 2050 um sieben Prozentpunkte auf 18 Prozent. Zur Ermittlung der wahren Schäden für die Allgemeinheit müsste man zusätzlich noch die Lasten ermitteln, die Unternehmer auf das Sozialkapital abwälzen; dazu zählen Kosten wie die Erkrankung von Beschäftigten bei der Produktion. Sie sind bislang noch nicht erfasst.

Was kann Otto Moralverbraucher angesichts dieses Problemberges machen? Er kann bereits mit einfachen Verhaltensänderungen die Umwelt entlasten – das ist die gute Nachricht. Als zum Beispiel nach dem Gau im japanischen Kernkraftwerk Fukushima ein Stromengpass drohte, tauschten die Japaner in den Büros Hemd und Jackett kurzerhand gegen Pullis und schalteten die Strom fressenden Klimaanlagen ab. Das können wir alle machen. Man kann als Konsument auf verarbeitete Lebensmittel verzichten, weil die Klimabilanz sich mit jeder Weiterverarbeitungsstufe verschlechtert. Laut einer Untersuchung des *Ökoinstituts* beträgt der CO_2-Fußabruck einer Biokartoffel 138 CO_2-Äquivalente, verarbeitet zu fertigem Kartoffelpüree sind es 3354 Einheiten und als Pommes aus der Tiefkühltruhe sogar 5568 Einheiten, also 40-mal mehr als im Rohzustand. Biopommes sind also alles andere als nachhaltig. Wer auf unverarbeitete Lebensmittel umsteigt und selbst kocht, leistet entsprechend einen wesentlichen Beitrag für das Klima. Viele solcher Verhaltensänderungen sind leicht machbar: Wenn die Autofahrer in Deutschland freiwillig Tempo 130 auf der Autobahn führen, würde der Spritverbrauch um fünf Prozent sinken. Wenn Verbraucher auf ein eigenes Auto verzichteten und stattdessen Fahrrad, Bahn und Bus fahren würden, würde ihr Kohlendioxid-Verbrauch schlagartig sinken. Wenn wir Leitungswasser tränken, statt Mineralwasser zu kaufen, was oft über hunderte Kilometer transportiert wird, oder öfter vegetarisch kochten, würden wir etwas zur Klimarettung beitragen. »Soziale Innovationen sind viel schneller umsetzbar als neue Technologien«, sagt Uwe Schneidewind, Präsident des *Wuppertal Institut für Klima, Umwelt und Energie.*

Tatsächlich ist etwas in Bewegung: Zwölf von hundert Konsumenten teilen sich in Deutschland bereits Autos, Fahrräder oder Haushaltsmaschinen. Es gibt viele andere Initiativen, mit denen Menschen auf die ein oder andere Weise in das Konsumgeschehen eingreifen: In offenen Werkstätten werden Konsumenten zu Produzenten, beim »Urban Gardening« betätigen sich Städter beim Gemüseanbau, bei der Obstallmende tauschen sich Verbraucher über die Nutzung herrenlosen Obstes aus, in Reparaturcafés werden gemeinsam Dinge instand gesetzt. Solche alternative Besitz- und Konsumformen sind kein reines Nischenphänomen mehr. Unternehmen sehen sich gezwungen, auf den Trend aufzuspringen: So verleiht die Baummarktkette *Obi* mittlerweile Maschinen und Werkzeuge und der Autokonzern *Daimler* Kleinwagen. Denn eine zunehmende Zahl der Menschen im Autofahrerland Deutschland will selbst gar kein eigenes Fahrzeug mehr besitzen. Hierunter finden sich besonders viele gut ausgebildete Leute aus dem städtischen Milieu. Wer als Autohersteller weiter mit ihnen Geld verdienen will, der muss Mobilität statt Autos verkaufen. Der Soziologe Harald Heinrichs ist angesichts solcher Indikatoren überzeugt, dass es »eine echte Chance« gibt, die Wirtschaft langfristig nachhaltiger zu gestalten.

Allerdings gibt es auch eine Menge schlechter Nachrichten für diejenigen, die auf den einzelnen Verbraucher als Motor einer zukunftsfähigen gesellschaftlichen Entwicklung setzen. Konsumenten ignorieren zum Beispiel regelmäßig ihr eigenes Wissen. Wer fliegt, weiß gewöhnlich, dass dies für das Klima schädlich ist. Aber viele Menschen genießen die dank Billigflieger hinzugewonnene Mobilität und ignorieren die Folgen für die Umwelt. So muss jeder selbst mit sich ausmachen, ob er seinen ökologischen Fußabdruck verringern will. Oft wissen Verbraucher aber gar nicht, welches Verhalten umweltschädlich ist. Von den verfügbaren Informationen und deren Verarbeitung hängt es maßgeblich ab, was Otto Moralverbraucher erreichen kann.

Als wichtige Lotsen für Konsumenten gelten heutzutage Siegel und Zertifizierungen. Oft sind gleich mehrere auf einer Verpackung abgebildet. Es gibt sie für biologische und konventionelle Lebensmittel, für Holz aus nachhaltigem Anbau oder für Fische, die umweltgerecht gefangen werden. Rund tausend Siegel, Herkunftsbezeichnungen und Prüfzeichen aller Art zählen Verbraucherschützer. Selbst der interessierte und informierte Verbraucher verliert da bisweilen den Überblick: Viele vermuten hinter dem offiziellen deutschen Biosiegel, einem grünen Aufdruck in der Form eines Stoppschilds, höhere Standards für den ökologischen Anbau als hinter den Siegeln der Anbauverbände *Demeter* oder *Bioland*. Tatsächlich ist es genau umgekehrt. Es gibt rund tausend gebräuchliche Siegel in Deutschland. Nach Ansicht von Verbraucherschützern erwecken etwa 80 Prozent falsche oder übertriebene Hoffnungen – ein vernichtendes Urteil. Wer als

Konsument die Orientierung behalten will, muss sich immer wieder mit neuen Lotsen beschäftigen und auf die Unterschiede achten.

Früher konnten Firmen zum Beispiel nur mit den Siegeln *Max Havelaar* und *Transfair* dokumentieren, dass sie auf die Einhaltung von Sozialstandards bei den Produzenten achteten. Mittlerweile gibt es Branchenstandards wie *BSCI* oder ähnliche Label wie das der *Rainforest Alliance* oder *UTZ*. Alle drei garantieren den Produzenten jedoch keine Mindestpreise. Weder zahlen sie den Bauern eine zusätzliche Fair-Trade-Prämie noch räumen sie den Beteiligten aus dem Süden Mitbestimmungsrechte in den Organisationen ein, weshalb man sie auch als »Fairtrade light« bezeichnet. Für Sozial-Siegel gibt es keine gesetzlichen Vorgaben, anders als zum Beispiel beim EU-Biosiegel, und »fairer Handel« ist auch kein gesetzlich geschützter Begriff wie »Bio« – ein Manko.

Allerdings tricksen Unternehmen auch bei grünen Produkten und verbreiten Unwahrheiten. Mit Werbebotschaften wie »aus kontrolliertem Anbau«, »unabhängig kontrolliert«, aus »umweltschonendem Anbau« streuen sie Otto Moralverbraucher Sand in die Augen. Denn solche Aufschriften suggerieren lediglich den Kauf gesunder Lebensmittel, mögen die Verpackungen auch grüne Weiden und glückliche Kühe zeigen. Diese irreführende, durchaus erlaubte Werbung oder auch Beschriftung macht es Produkten, die dann tatsächlich aus Weidehaltung kommen, sehr schwer. Bei der Formulierung leerer Versprechen sind Firmen kreativ. »Die Bauernfängerei nimmt ungeheuerliche Ausmaße an«, weiß Stefan Kreuzberger, Autor der *Ökolüge*. Über der Kiste mit Orangen stehe im Supermarkt dann beispielsweise: »Nach der Ernte nicht chemisch behandelt.« Doch was war vor der Ernte?

Bisweilen verbirgt sich aber auch ganz legal in einem Bioprodukt etwas, was der Verbraucher vermutet: Da enthält die Biolimonade dann ganz legal keinen Obstsaft aus heimischen Sorten, sondern Aroma, das mit Hilfe von Bakterienkulturen aus Holzabfällen hergestellt wird. Auch bei soliden Siegeln kommt es zu Missverständnissen: So dürften viele Verbraucher davon ausgehen, dass ein T-Shirt aus fair gehandelter Baumwolle auch insgesamt fair produziert ist. Das ist jedoch nicht der Fall: Das Siegel belegt nur, dass die Baumwollbauern am Anfang der Wertschöpfungskette fair bezahlt werden.

Bei aller berechtigten Kritik: Aussagekräftige und seriös überprüfte Siegel bleiben ein hilfreiches Orientierungsinstrument. Verbraucher können etwas bewirken, wenn sie auf einige wenige Siegel achten: So decken der *Blaue Engel*, der *Nordic Swan*, die *EU-Blume* und das *Österreichische Umweltzeichen* gut die ökologischen Aspekte der Nachhaltigkeit entlang der Wertschöpfungskette ab. Wer sich sauber einkleiden will, merkt sich am besten die Bezeichnungen *GOTS*, *Fairtrade*, *Naturtextil* und *Fair Wear Foundation*. Wer die bisherigen ethischen Einkaufsmöglichkeiten nutzen will, braucht also eigentlich nicht mehr Regeln zu kennen als für ein beliebiges Kartenspiel. Die Mehrzahl der Verbraucher lernt diese Regeln aber nicht oder ignoriert sie. Das offizielle EU-Biosiegel kennen laut einer Studie der Universität Göttingen gerade einmal fünf Prozent der Konsumenten in Deutschland. Sogar ein Phantasie-Logo der Forscher meinten mehr Verbraucher zu kennen.

Sicherlich könnte man den Siegel-Dschungel lichten. Denkbar wäre auch die Einführung eines staatlichen Dachlabels, unter dem die verschiedenen Zeichen mit verbindlichen Schutzstandards für Umwelt, Arbeitsrechte, Tierschutz oder Klimaschutz angesiedelt werden könnten. Dann wäre zumindest denjenigen Verbrauchern geholfen, die auf Siegel achten. Hier ist die Politik gefragt, ebenso wie bei der Lebensmittelampel, einer genial einfachen Idee, die Verbrauchern eine bessere Orientierung verschaffen würde. Anhand einer Abstufung mit den Signalfarben grün, gelb, rot wäre auf einen Blick ersichtlich, in welchem Maß ein Produkt Salz, Fett und Zucker enthält. Heute sind viele Verbraucher schlecht informiert, weil sie die bisherigen Angaben auf den Produkten oft nicht verstehen. Außerdem schauen viele bei Nahrungsmitteln gar nicht genau hin, weil sie sie für gesund halten. Welcher Verbraucher geht zum Beispiel schon davon aus, dass Diät-Cornflakes mehr Zucker enthalten können als herkömmliche Frühstücksflocken? Wer weiß, dass Fertiggerichte nur deshalb so gut schmecken, weil sie extrem gesalzen sind? Allerdings dürfte sich mittlerweile herumgesprochen haben, dass der gesund erscheinende Pausensnack für Kinder eine Kalorienbombe ist. Dies brachte aber erst eine Kampagne von Verbraucherschützern in das allgemeine Bewusstsein, was jedoch bislang den Verkaufserfolg solcher ungesunden Produkte auch nicht verhindern konnte.

Eine Lebensmittelampel empfehlen Ärzte und Verbraucherschützer schon lange, weil immer mehr Menschen an Krankheiten wie Fettleibigkeit, Diabetes und Bluthochdruck erkranken. In Deutschland ist jedes fünfte Kind und jeder dritte Erwachsene fettleibig. Auch volkswirtschaftlich spricht alles für eine bessere Information: Laut Weltgesundheitsorganisation verursacht Fettleibigkeit bis zu acht Prozent aller Gesundheitskosten und ist für zehn bis 13 Prozent aller Todesfälle verantwortlich. Wenn man die Bürger direkt abstimmen ließe, gäbe es eine Lebensmittel-Ampel wohl längst in Deutschland. Schließlich befürwortet laut einer von dem Versicherer *Ergo* beauftragten Befragung 74 Prozent der Bevölkerung das neue Orientierungssignal. Dass es praktisch funktioniert, zeigt das Beispiel England. Die Lebensmittelbehörde hat dort bereits 2006 eine solche Ampel eingeführt. Und in Finnland müssen Hersteller bei salzreichen Lebensmitteln wie Kartoffelchips einen Hinweis »stark gesalzen« abdrucken. Das gilt als ein wichtiger Grund dafür, dass die Sterblichkeit durch Herzinfarkt und Schlaganfall in dem skandinavischen Land um rund vier Fünftel gesunken ist.

Die Gegenkräfte sind allerdings enorm: Die Abwehr der Lebensmittelampel hat sich der Verband der europäischen Lebensmittelindustrie *CIAA* laut der NGO *Corporate Europe Observatory* schätzungsweise eine Milliarde Euro kosten lassen. Abgeordnete übernahmen fast wörtlich die Argumentationslinie der Industrielobbyisten gegen die Ampel und warnten vor »Fehl- und Mangelernährung«. Am Ende stimmte eine Mehrheit der Abgeordneten im Europäischen Parlament 2010 gegen die Einführung einer Lebensmittelampel. Es ist scheinheilig, wenn Politiker dem mündigen Verbraucher das Wort reden, es aber gleichzeitig unterlassen, ihn ausreichend aufzuklären, indem sie etwa die Lebensmittelampel ablehnen.

Ohne verpflichtende Angaben ist es für den Verbraucher oft schwer, verantwortlich zu handeln, zumal es für ihn eigentlich unmöglich ist, sich selbst die gewünschten Informationen zu besorgen. Konsumenten haben nämlich kein Auskunftsrecht gegenüber einem privaten Unternehmen, wenn sie sich dort erkundigen. Vielmehr müssen sie genau begründen, warum ihr öffentliches Informationsinteresse höher einzustufen ist als das Interesse eines Unternehmens an Geheimhaltung. Denn jeder Firma steht es frei, ob und wenn ja, in welchem Umfang es Auskunft darüber gibt, unter welchen sozialen und ökologischen Bedingungen es Waren herstellt. Ganz anders ist es bei ausgewählten betriebswirtschaftlichen Kennziffern. Hier hat die Öffentlichkeit aufgrund gesetzlicher Regelungen beispielsweise einen Informationsanspruch gegenüber Kapitalgesellschaften. Eine Aktiengesellschaft muss fundamentale betriebswirtschaftliche Informationen wie die Entwicklung von Umsatz und Gewinn veröffentlichen.

Das Internet hat zweifellos den Verbraucher gestärkt. Hier kann jedermann nach Informationen suchen, Produktbewertungen austauschen oder sich organisieren. Allerdings können Konsumenten im Netz nur Informationen austauschen, die kursieren. Erschwert wird die Orientierung durch fehlerhafte oder interessengeleitete Informationen, wie die spezieller Dienstleister, die vermeintlich positives Feedback von Verbrauchern in Foren oder sozialen Netzwerken für Unternehmen oder deren Produkte organisieren. Vollständige Information des einzelnen Verbrauchers gibt es ohnehin nur in der Theorie. In der Realität entscheiden sie auf der Basis begrenzter Informationen und treffen deswegen regelmäßig auch Entscheidungen mit ungewollten Wirkungen für eine nachhaltige gesellschaftliche Entwicklung. Zum Beispiel wenn sie etwa nicht ahnen, dass bei ökologischer und konventioneller Produktion von Rindfleisch ähnlich viel klimaschädliches Methan entsteht; wenn sie nicht erwarten, dass ein chilenischer Importapfel im Winter eine bessere Klimabilanz hat als der im Kühlhaus lagernde Apfel vom Bauern nebenan; weil sie nicht mitbekommen haben, dass Mehrwegflaschen heutzutage häufig eine schlechtere Umweltbilanz haben als eine Einwegflasche, da Lieferwege von mehreren hundert Kilometer heute auf der Tagesordnung sind. Oder wer ahnt schon, dass er mit dem Kauf nachhaltiger Wasch- und Reinigungsmittel an der Zerstörung des Urwalds beteiligt sein kann. Warum also sollte ein Konsument sich richtig verhalten, wenn bereits die Produzenten irren?

Gunter Pauli gilt als grüner Vorzeigeunternehmer, beim Wirtschaftstreffen in Davos wählte ihn die Elite der Manager zum »Global Leader of Tomorrow«. Pauli war in den Achtzigerjahren bei der angeschlagenen Firma *Ecover* eingestiegen, die nachhaltige Wasch- und Reinigungsmittel produzierte. Die Firma investierte in ökologische Projekte, und baute die erste komplett ökologische Fabrik Europas; sie eröffnete 1993 im belgischen Malle. Pauli bemerkte erst später die gravierenden Nebenwirkungen der Produktion: Die ökologisch abbaubaren Reinigungsmittel wurden nämlich auf Basis von Palmöl hergestellt, das zu einem großen Teil aus Indonesien kam. Dort wurden große Flächen Urwald abgeholzt, um Palmen zu pflanzen für die Ölproduktion. Zwar wurden auf diese Weise biologische Stoffe in der Produktion verwandt, aber dafür wurde die Umwelt zerstört. »Wie ist es möglich, dass ich nicht gesehen habe, dass biologisch abbaubar nichts zu tun hat mit Nachhaltigkeit?«, fragt sich Pauli rückblickend. Er habe gedacht, etwas Gutes zu tun, dabei habe er zur Zerstörung des Lebensraums des Orang-Utans beigetragen.

Irrtümer unterlaufen auch grünen Profi-Verbrauchern. Sie überschätzen beispielsweise den Einfluss ihres eigenen Verhaltens auf die Umwelt. Der Wissenschaftler Michael Bilharz hat 24 Verbraucher getestet, alles Mitglieder einer Naturschutzorganisation, die häufig biologisch einkauften, ihren Müll trennten, allesamt die Stand-by-Funktion ihrer elektronischen Geräten ausschalteten und sogar möglichst auf Flugreisen und Autofahren verzichteten. Fragte man sie, schätzten sie ihren Energieverbrauch etwa um ein Drittel geringer ein als bei einem durchschnittlichen Bundesbürger. Tatsächlich lagen sie jedoch gerade einmal im Durchschnitt, einige verbrauchten sogar mehr Energie als weniger bemühte Zeitgenossen. Die Erklärung ist einfach: Wer sich um einen nachhaltigen Konsumstil kümmert, gehört meist zu den Besserverdienern – also zu denjenigen Konsumenten, die einen Lebensstil pflegen, der mehr Energie verbraucht.

Bisweilen machen Konsumenten durch kontraproduktives Verhalten ihre eigenen Fortschritte wieder zunichte: Wenn sie zum Beispiel ein sparsameres Auto kaufen, aber mehr fahren. Oder wenn sie ihr Haus dämmen und die eingesparte Energie für einen zusätzlichen Urlaubsflug nutzen oder bei einer Bank anlegen, die damit Kohlekraftwerke finanziert. Wissenschaftler sprechen vom sog. »Rebound-Effekt«. Den fördern Hersteller, wenn sie Maschinen, Autos und Geräte zwar auf Effizienz trimmen, aber gleichzeitig leistungsstärkere Produkte konstruieren. Das gilt bekanntermaßen für Autos, aber auch für gewöhnliche Haushaltsgeräte; sie schaffen die gleiche Leistung heute zwar mit rund 37 Prozent weniger Energie. Weil die Hersteller jedoch leistungsstärkere Motoren einbauen, verbrauchen die Geräte aber trotzdem mehr Strom als früher.

Für die Gesellschaft ist es eine entscheidende Frage, wie rational Menschen handeln, wenn sie über ausreichende aktuelle Informationen verfügen. Davon hängt es nämlich ab, ob man besser auf die Veränderungsbereitschaft des Einzelnen oder reformierte gesellschaftliche Rahmenbedingungen setzt. Die Ergebnisse in der Praxis sind eindeutig. »Unserer Erfahrung nach ist der Verbraucher ganz und gar kein rationales Wesen«, sagt die Psychologin Nicole Hanisch. Sie führt regelmäßig Interviews mit Konsumenten hinsichtlich ihres Einkaufsverhaltens durch. Ihre Erfahrungen decken sich mit den Ergebnissen der Verhaltensforscher. Diese greifen auch zunehmend Ökonomen auf und fordern eine Revision des vorherrschenden Bildes eines rational handelnden Konsumenten, was auch Implikationen für die Gestaltung der Politik hätte. Denn man könne nur wenig auf die Gestaltungskraft der Einzelnen setzen.

Das herkömmliche Modell der Neoklassik unterstelle, dass jeder Mensch »wie Albert Einstein denkt, Informationen wie IBMs Supercomputer Deep Blue speichert und eine Willenskraft hat wie Mahatma Gandhi«, kritisierte der Wirtschaftswissenschaftler Richard Thaler im *Handelsblatt*. Wenn sich Menschen rational verhielten, würden sie keine fettigen Chips und Schokolade kaufen oder sich mehr bewegen. Thaler gehört zu einer Riege Ökonomen, die in ihren Theorien berücksichtigt, wie sich Leute in wirtschaftlichen Entscheidungssituationen tatsächlich verhalten. Andere solcher Forscher sind sein Landsmann Robert Shiller, der Schweizer Bruno Fehr oder der Österreicher Ernst Fehrenbach.

Ihre Resultate sind vernichtend für die Anhänger des Glaubens an den souveränen Konsumenten. In der Realität sind Verbraucher demnach leicht beeinflussbar und überlastet, treffen überhastet und oft objektiv falsche Entscheidungen, sie entscheiden regelmäßig auf der Basis zweifelhafter Faustregeln, überschätzen ihre Fähigkeiten, werden aus Verlustangst träge und lassen sich von Gefühlen statt vom Verstand leiten; sie hängen am Status quo.

Auch für den Wissenschaftlichen Beirat »Verbraucher und Ernährungspolitik« beim Bundesministerium für Ernährung, Landwirtschaft und Verbraucherschutz steht fest: Das normative Leitbild des mündigen Verbrauchers ist eine »wissenschaftliche und politische Fiktion«: »Die Figur des mündigen Verbrauchers in den Wirtschaftswissenschaften ähnelt dem Ungeheuer von Loch Ness. Manche Akteure müssen oder wollen daran glauben, andere glauben, dass es unter bestimmten Umständen existieren könnte, manche bezweifeln seine Existenz und wiederum andere beschreiben, wie es sein sollte.« Selbst die einfachsten Verhaltensänderungen gelingen aufgeklärten Konsumenten in der Praxis nicht, wie das Beispiel der Plastiktüte zeigt.

An den Straßenrändern der Hauptstadt Ruandas mit ihrer knapp einen Million Einwohner liegen kaum Plastikteile, ebenso wenig an der Hauptstraße, die sich quer durch das Land bis zum Kiwusee zieht. Wer in das Land einreist, muss seine Plastiktüten am Zoll abgeben. Denn die Regierung hat die bunten Beutel 2006 verboten. Die Leute nutzen für den Transport von Früchten, Getreide und sonstigen Einkäufen heute Körbe, Rücksäcke oder Stofftaschen. »Wenn ein Polizist jemanden mit einer Plastiktüte erwischt, schüttet er ihm den Inhalt der Tüte in seine Hände«, erzählt der Fahrer eines Motorradtaxis lachend. »Beim nächsten Mal denken sie dann sicher daran.« Verboten sind Plastiktüten mittlerweile auch in anderen Entwicklungsländern wie Tansania oder Bangladesch. Wer gegen das Verbot verstößt, muss teilweise empfindliche Strafen zahlen. Die irische Regierung hat den Verbrauchern sanft nachgeholfen. Sie erhebt eine Abgabe von 22 Cent je Tüte. Seitdem brauchen die Iren jedes Jahr statt 328 nur noch acht Tüten.

Unterdessen füllen die Verbraucher in Deutschland in jeder Minute unverdrossen zehntausend neue Plastikbeutel. Bei der Herstellung der Tüten entstehen jährlich rund 60 Millionen Tonnen klimaschädliches Kohlendioxid. Außerdem sind sie unverwüstlich und halten einige hundert Jahre lang, was nicht nur optisch ein Problem ist. Ein Großteil des Plastikmülls schwimmt in den Ozeanen – zwischen Kalifornien und Hawaii gibt es mittlerweile einen Plastikteppich von der Größe Mitteleuropas. Als Fehlschlag erwies sich auch die biologisch abbaubare Tüte. Sie klang so schön, die technische Lösung des Problems. Jeder könnte die Tüten bedenkenlos weiter nutzen. Schon bald kehrte jedoch Ernüchterung ein. In Tests zeigte sich nämlich, dass die Tüten allenfalls theoretisch abbaubar sind. In der Praxis werden sie deswegen oft verbrannt.

Das Tüten-Problem wäre in Deutschland längst gelöst, wenn die Menschen entsprechend ihrer Überzeugung handeln würden. Laut einer Umfrage der *Umwelthilfe* lehnen nämlich 97 Prozent der Bundesbürger Plastiktüten ab. Schon Anfang der Achtzigerjahre lieferten ihnen Organisationen mit der berühmt-berüchtigten Jutetasche bereits eine sozial-ökologische Alternative. Die Tasche hatte eine bessere Ökobilanz und mit dem Kauf unterstützte man arme Näherinnen in Bangladesch. Heute gibt es Baumwolltaschen, die sind schicker und kratzen nicht. Aber der Verzicht weniger Verbraucher auf Plastiktüten geht unter. Die Mehrzahl handelt wie bisher, aus Unachtsamkeit, Ignoranz und Bequemlichkeit. Vergeblich wartet man auch auf eine freiwillige Aktion des Handels, der ja ohne weiteres Plastiktüten aus seinen Geschäften verbannen könnte. Die Firmen kneifen trotz aller Bekenntnisse zur Nachhaltigkeit vor einer solch einfachen Maßnahme.

Aber auch aufgeklärte und handlungswillige Konsumenten stoßen regelmäßig an ihre Grenzen. Denn auf einen Großteil der wirtschaftlichen Abläufe haben sie keinen Einfluss. Das gilt beispielsweise für die Energie- und Materialeffizienz von industriellen und landwirtschaftlichen Produktionsprozessen. Dabei entfällt fast ein Drittel aller Kohlendioxid-Emissionen von Konsumgütern auf deren Herstellung. Ebenfalls machtlos ist der Konsument bei Ausweichreaktionen der Industrie. Hier ist die Politik gefragt.

Die EU rühmt sich gerne, Wachstum und Kohlendioxid-Ausstoß in dem gemeinschaftlichen Wirtschaftsraum entkoppelt zu haben. Aber die Rechnung stimmt nur vordergründig. Tatsächlich haben viele Unternehmen ihre Produktion nur aus den Ländern der Europäischen Union in Länder verlagert, die das Kyoto-Protokoll mit seinen Vorgaben für die Reduzierung des Klimakillers Kohlendioxid nicht unterzeichnet haben. Das bleibt bei der gängigen Berechnung unberücksichtigt. Man orientiert sich bei der Berechnung an nationalen Grenzen, obwohl ein Großteil der Produktion anderswo stattfindet. »Die Kohlendioxid-Fußabdrücke der Länder werden falsch gemessen«, sagt der Ökonom Gabriel Felbermayr vom *Ifo Institut*. Eine ehrliche Bilanz berücksichtigt, welche Klimaschäden bei der Produktion von Waren entstehen, die importiert werden. Demnach haben die für einen Klimaschutz einstehenden europäischen Industriestaaten bislang keinen Fortschritt gemacht – ein ernüchterndes Ergebnis. Bei einer solchen Bilanz schneidet Deutschland sogar besonders schlecht ab. Laut den *Ifo*-Forschern hat sich der importierte Anteil von Kohlendioxid von 2002 bis 2007 von 2,5 Prozent auf neun Prozent mehr als verdreifacht. An diesen Verhaltensweisen der Wirtschaft kann kein einzelner Konsument etwas ändern.

Kauf-Nix-Tag: In den Fußspuren der Hippies

Sowohl der traditionelle Boykott als auch der Buykott von nachhaltigen Produkten sind eine stumpfe Waffe in der Hand des Konsumenten, wenn es um eines der größten Probleme der Menschheit geht: die verheerenden Folgen des Massenkonsums für Mensch und Umwelt. Denn die Verbraucher bleiben beim Boykott und Buykott innerhalb der Konsumlogik. Sie kaufen gezielt anders ein, indem sie während des Boykotts von Shell eine andere Tankstelle anfahren oder faire Schokolade verzehren. Das mag richtig sein, um ein bestimmtes Anliegen umzusetzen. Aber sie kaufen trotzdem ein und halten mit ihrem Konsum die Produktion in Schwung.

Wenigstens einmal im Jahr 24 Stunden nichts einzukaufen, das ist die Idee des »Kauf-Nix-Tag«. Der kanadische Comiczeichner Ted Dave hatte 1992 die Idee für die Aktion. Er wollte die Gesellschaft einmal im Jahr mit den Folgen des Massenkonsums konfrontieren. Zum Komplettboykott des Konsums rufen Organisationen in Europa am letzten Samstag im November auf und in den USA am Tag nach dem Erntedankfest Thanksgiving. Aus gutem Grund: Der Black Friday, an dem der Handel die Weihnachtssaison einläutet, ist einer der zehn umsatzstärksten Tage des amerikanischen Handels im Jahr. An diesem Tag zeigt sich die in breiten Kreisen dominierende Geiz-ist-geil- Mentalität besonders deutlich. Regelmäßig kampieren sogar Leute in der vorangehenden Nacht vor den Geschäften. So können sie am nächsten Morgen den Laden stürmen und die Sonderangebote ergattern, von denen es nur eine limitierte Menge gibt.

Organisiert wird der Kauf-Nix-Tag vor allem von der kanadischen Organisation *Adbusters,* die auch sonst mit originellen Methoden gegen den überbordenden Konsum kämpft. Adbusters ist eine Wortkreation aus »Advertisement« (Werbung) und dem Verb »to bust« (zerschlagen). Kalle Lasn ist der Herausgeber des Magazins *Adbusters.* Er sieht sich mit seinen Aktionen gegen die Werbeflut und Unterhaltungskultur in einem »revolutionären Kontinuum« mit Punkrockern und Hippies, Surrealisten und Dadaisten, den Sex Pistols und Mahatma Gandhi.

»Das Wohnzimmer ist die Fabrik«, sagt eine Stimme in einem Spot. Die Kamera zoomt an das Gesicht eines Fernsehzuschauers heran, es spiegelt das Flackern des Werbefernsehens. Dann wandert die Kamera hinter den Sessel und zeigt den Zuschauernacken – ein Strichcode ist in die Haut eingraviert wie auf fast jeder Verpackung aus dem Supermarkt. »Das Produkt sind Sie«, sagt eine Stimme aus dem Off. Mit solchen Spots thematisieren die Aktivisten die Kommerzialisierung. »Es funktioniert wie beim Judo. Wir nutzen die Wucht der millionenschweren Anzeigen und Spots der Werbeindustrie und hauen sie auf die Matte, indem wir die teuer eingeführten und positiv konnotierten Symbole einfach umdrehen«, schreibt Lasn in *Culture Jamming*. Für ihn ist die ganze Welt wahnsinnig: Der Planet stirbt, und »wir liegen vor dem Fernseher wie verprügelte Hunde und tragen an unserer Kleidung die Abzeichen der Unternehmen wie Sklaven. Wir leben in einem Narrenparadies.« Die Aufmerksamkeit ist größer als die Ergebnisse.

Kaum jemand beschränkt aus freien Stücken seinen Konsum, oft nur diejenigen, die gut situiert und abgesichert in einem urbanen postmaterialistischen Milieu leben. Bei der Masse der Konsumenten ist dagegen das klassische Verhaltensmuster höchst lebendig: möglichst viel, möglichst billig einzukaufen. Selbst die schwere Wirtschaftskrise, die nach dem Platzen der Immobilienblase 2007 in den USA die Welt erschütterte, markierte nur einen kurzen Einbruch beim privaten Konsum.

In Deutschland kaufte Otto Normalverbraucher sogar schon bald wieder so emsig ein, dass die Wirtschaftszeitung *Handelsblatt* den »Kaufbürger« zum »Menschen des Jahres 2010« kürte. Mitten in der Krise hatten die Verbraucher – auch motiviert durch die staatliche Abwrackprämie für Autos – private Mittel in Höhe von 1400 Milliarden Euro ausgegeben, also eine Summe, die in etwa der Größe der Volkswirtschaften Belgiens, Griechenlands, Dänemarks und der Niederlande entspricht. Und im Sommer 2013 reagierte das *Handelsblatt* auf den anhaltenden Einkaufsboom der Verbraucher in Deutschland mit der Titelgeschichte: »Ich kaufe, also bin ich«.

Haben Sie schon einmal alle ihre Dinge gezählt? Porzellan, Strümpfe, Hemden, CDs, Besteck, Möbel oder Werkzeug – wenn Sie auf 10 000 kommen, besitzen Sie so viel wie ein durchschnittlicher Haushalt in einem der früh industrialisierten Länder wie Großbritannien, Deutschland und den USA. Rund um die Uhr können Sie aus einer stetig wachsenden Produktpalette Neues hinzufügen, vorausgesetzt, Sie verfügen über das notwendige Geld. Heutige Alltagsgüter wie Spiegel, Uhren, Keramik, Strümpfe oder Schirme waren vor dreihundert Jahren noch Luxusgüter, die sich gewöhnlich nur reiche Adlige kaufen konnten. Ein größerer Teil einer Bevölkerung konnte sich erstmals im 17. Jahrhundert solche Dinge in den Niederlanden leisten, nach dem Aufstieg der jungen Republik zur führenden Weltmacht. Jeder vierte Bewohner genoss nun teure Importgüter wie Rohrzucker, Kaffee oder Tee und schon bald hingen sogar in 230 000 Haushalten mehr als drei Millionen Ölgemälde, die zuvor nur Schlösser und Kirchen zierten.

Richtig in Fahrt kam der Konsum jedoch erst infolge der Industrialisierung. Schon damals strengten sich manche Leute mächtig an, um einkaufen zu können. Teilweise nahm der Warenbesitz von Familien sogar zu, obwohl ihr Einkommen wegen der hohen Konkurrenz auf dem Arbeitsmarkt sank. Um sich höhere Konsumausgaben erlauben zu können, hätten mehr Familienmitglieder gearbeitet, schreibt der englische Kulturhistoriker John Brewer in der *Europäischen Konsumgeschichte* und bezeichnet dies als »revolutionäres Konsummuster«.

Von Konsum sprach damals noch niemand. Erstmals nutzten Steuerbeamte den Begriff, im Kontext mit Verbrauchssteuern. Ökonomen bezeichneten damit später einen Verbrauch, bis hin zur Zerstörung und Wertminderung von Gütern. Dann setzte sich die gängige Definition durch: Konsum als Befriedigung von menschlichen Bedürfnissen mit wirtschaftlichen Mitteln. Mit der Entstehung der Konsumgesellschaft kam der Begriff schließlich im Alltagswortschatz an. Vorreiter waren die Vereinigten Staaten. Anfang des 20. Jahrhunderts etablierte sich hier eine Konsumgesellschaft dank technischer Innovationen und billiger fossiler Energie. Nach dem Zweiten Weltkrieg folgte Westeuropa.

»Die Menschen lebten ihre sozialen und kulturellen Bedürfnisse in wachsendem Maße über den Konsum von Waren und Konsumritualen aus«, schreibt Brewer. Das galt besonders für die Deutschen, von denen viele nach den Verbrechen des Nationalsozialismus, dem Holocaust und den beiden Weltkriegen den Idealen der Politik misstrauten und ihr Heil im privaten Konsumglück suchten. Dazu hatten sie reichlich Gelegenheit, weil sich infolge des Wirtschaftswunders die Lohntüten vieler Leute üppiger füllten. Immer mehr konnten sich etwas gönnen: ob eine Waschmaschine von *Bosch,* ein Zweirad wie die *Iseta* von *BMW* oder sogar einen *VW Käfer* oder einen Urlaub in Italien. Die meisten Leute hatten nach den kargen Jahren und dem Krieg einen immensen Nachholbedarf. Schon damals ging es manch einem beim Einkaufen aber weniger um materielle Bedürfnisbefriedigung als vielmehr um seinen Status.

Passend zu dieser Entwicklung brachte der Verlag *Kiepenheuer & Witsch* im Jahr 1958 eine deutsche Ausgabe der *Theorie der feinen Leute* heraus, die der Ökonom und Soziologe Thorstein Veblen Ende des 19. Jahrhunderts geschrieben hatte und in der sich alles um den demonstrativen Konsum der Oberklasse drehte. Mit spitzer Feder zeichnet Veblen die Geschichte der Menschheit nach, in der der Raub durch die Arbeit und die Jagdtrophäe durch das Anhäufen von Reichtum ersetzt worden sei. »In jeder Gesellschaft, die das Privateigentum kennt, muss der Einzelne im Interesse seines inneren Friedens mindestens ebenso viel besitzen wie jene, mit denen er sich auf eine Stufe stellt; und es ist außerordentlich wohltuend, etwas mehr zu haben als die anderen«, schreibt Veblen.

Regelmäßig haben sich Menschen im Laufe der Geschichte mit den Gründen übermäßigen Konsums beschäftigt, ob aus Sicht des Christen, Bildungsbürgers, Konservativen, Unternehmers oder Gegners eines platten Materialismus. Manche sahen den Massenkonsum als Quell moralischer Verderbnis, andere als Ausdruck einer Sinnkrise der Gesellschaft. Mit ihrer Kritik verbanden sie oft ein erzieherisches Anliegen. Sie wollten neue Konsumentenschichten über jene »alte Frage der westlichen Zivilisation und Kultur« aufklären, schreibt der Historiker Brewer: »Wie viel und zu welchem Zweck soll der Mensch konsumieren? Welche geistigen, körperlichen, seelischen und sozialen Chancen und Gefahren bringt der Konsum mit sich? Was ist das rechte Maß, und wie hält man die vernünftige Mitte?« Offensichtlich hatten einige Bürger bereits in den Sechzigerjahren Probleme, das rechte Maß zu finden. Die Fresswelle war ein Thema, dass öffentliche Wellen schlug. Mit Aufklärungsfilmen versuchten sogar staatliche Stellen die Leute anzuhalten, weniger zu essen.

Heftige Kritik am Massenkonsum kam von linken Theoretikern, allen voran von Herbert Marcuse. Der Philosoph prangerte an, dass die Werbeindustrie »falsche Bedürfnisse« nach Konsumgütern wecke, die der Kapitalismus bereitstelle, »während tiefere, authentischere Wünsche unerfüllt bleiben«.

Damals nahm nur eine kleine Minderheit eine kritische Haltung zum Konsum ein. An konkreten Änderungen ihres eigenen Konsumverhaltens versuchten sich noch viel weniger, wie etwa Teile der Hippie-Bewegung.

Vier Jahrzehnte später ist Konsumkritik auf der obersten politischen Ebene salonfähig. »Viel zu lange haben wir versucht, den Weg zu Wohlstand durch gesteigerten Konsum zu sichern. Dieses Modell ist tot«, schreibt UN-Generalsekretär Ban Ki Moon im *Spiegel*. In der Praxis ist das Modell aber quicklebendig: Wer sich beim Einkauf zurückhält, geht statistisch unter in der Masse der munteren Käufer. Daran hat auch der ganze Hype um das Thema Nachhaltigkeit nichts geändert. Fakt ist: Zwischen 1960 und 2000 hat sich der weltweite Verbrauch der

Privathaushalte vervierfacht – ein Ende ist nicht in Sicht. Otto Moralverbraucher macht sich hier kaum bemerkbar. Dabei verhungern täglich sogar 25 000 Menschen, während andere wegen ihres maßlosen Konsums buchstäblich aus allen Nähten platzen. Verantwortlich sind vor allem die 16 Prozent der Weltbevölkerung in 65 Ländern, die mehr als drei Viertel des Konsumkuchens verschlingen. Die restlichen 84 Prozent der Bevölkerung müssen sich mit einem Viertel des Konsums begnügen und haben häufig nicht einmal das Lebensnotwendige. Man könnte eigentlich meinen, die Viel-Konsumierer könnten leichten Herzens auf etwas verzichten, weil sie viele Waren offensichtlich gar nicht brauchen: Schließlich vernichten zum Beispiel allein die Verbraucher in Deutschland ein Drittel der Lebensmittel, die sie kaufen. Und viele rangieren Kleidungsstücke aus, obwohl sie sie nur wenig oder gar nicht getragen haben. Vor allem fehlt vielen Leuten schlicht die Zeit, um die Dinge überhaupt zu konsumieren, die sie kaufen. Hier habe der Kapitalismus ein Wunder vollbracht, schreibt der Soziologe Hartmut Rosa, indem er sich Subjekte schaffe, »welche nicht nur produzieren, ohne zu konsumieren, sondern auch noch kaufen, ohne zu konsumieren.«

Das Verhalten vieler ist umso unverständlicher, als mehr Konsum keinesfalls für jeden das persönliche Glücksempfinden steigert. Die Bewohner der westlichen Industrieländer haben die höchsten Werte ihres persönlichen Glücks irgendwann zwischen der ersten Mondlandung 1967 und der Ölkrise Anfang der Siebzigerjahre überschritten. Sicher sind dies nur Durchschnittswerte. Auch in Europa leben noch viele Menschen, die ein höheres Einkommen glücklicher machen würde.

Man denke nur an die vielen Millionen prekär beschäftigten. Für die Mehrheit der Bewohner der früh industrialisierten Länder in Europa und Nordamerika gilt aber: Wenn sie glücklicher leben wollen, hilft ihnen mehr Einkaufen kaum. Ohnehin ist die materielle Ausstattung mit Gütern ein schlechter Maßstab für das eigene Wohlergehen. So haben Mexikaner, Kolumbianer, Schweden und Schweizer alle das gleiche Glücksgefühl, obwohl es gewaltige Unterschiede bei der materiellen Ausstattung der Haushalte in den vier Ländern gibt.

John Maynard Keynes, der wichtigste Ökonomen des 20. Jahrhunderts, malte angesichts des gewaltigen Fortschritts ein äußerst angenehmes Bild von den künftigen Lebensbedingungen seiner Nachkommen. In dem Essay über die *Ökonomischen Chancen unserer Enkel* schrieb er, dass die Menschheit das ökonomische Problem der Knappheit in zwei Generationen gelöst haben werde. Dann bräuchten die Leute nur noch wenige Stunden in der Woche zu arbeiten und könnten jenseits von Arbeit und Konsum ihren Interessen nachgehen. Wie wir wissen, kam es anders. Aber warum?

Was passiert, wenn die Menschen eines Tages alles haben, was sie brauchen, fragten sich damals auch Unternehmer in den USA. Was geschähe, wenn sie mehr produzierten, als die Verbraucher nachfragen? Ihre Befürchtung erscheint rückblickend surreal, wenn man sich vorstellt, wie wenige Dinge die Leute damals im Vergleich zu uns heute besaßen. Dass der Albtraum der Industriellen nicht Wirklichkeit wurde, hat einige Gründe. Offensichtlich gibt es viel mehr Konsumenten als damals. Denn seit den 1920er Jahren ist die Weltbevölkerung von etwa zwei Milliarden auf sieben Milliarden Menschen angestiegen, jährlich kommen 78 Millionen potenzielle Kunden hinzu. Zudem haben sich mehr Staaten in das kapitalistische Wirtschaftssystem eingeklinkt und ihre Märkte geöffnet. In China hielt 1979 der Staatskapitalismus Einzug, und zehn Jahre später übernahmen nach dem Kollaps ihrer Planwirtschaften die Länder in Mittel- und Osteuropa die kapitalistische Wirtschaftsweise, und Indien öffnete sich. Zusammengenommen sind die Mittelschichten Chinas, Indiens und Brasiliens schon genauso groß wie die der Europäischen Union.

Außerdem ist Unternehmern auch viel Neues eingefallen, was die Leute gebrauchen können, ob Computer, Handy, elektronische Zahnbürste oder Photovoltaik-Anlage. Die Wirtschaft hat sich aber auch einige Methoden ausgedacht, damit die Leute mehr kaufen, als sie tatsächlich benötigen, zum Beispiel Werbung, Moden, künstlicher Produktverschleiß und das Konsumieren auf Pump. Das Ziel hatte Anfang des 20. Jahrhunderts der Investmentbanker Paul Mazer gegenüber den Wirtschaftsführern formuliert: »Wir müssen Amerika von einer Kultur des Bedarfs in eine der Begierde umwandeln. Die Leute müssen trainiert werden, zu wünschen, neue Dinge zu wollen, bevor sie die alten schon vollkommen konsumiert haben. (…) Die Wünsche der Menschheit müssen ihren Bedarf übersteigen.« Bald nutzten die Unternehmer psychologische Mechanismen, um den Absatz ihrer Waren zu steigern.

Die politische Denkerin Hannah Arendt schrieb 1958 in ihrem Buch *Vita Activa*, dass der moderne Produktionsprozess »eine Triebkraft erreicht hat, für welche die Konsumkapazität nicht mehr ausreicht und der eher noch besser funktionieren würde, wenn wir uns entschließen könnten, die Welt der Gegenstände nicht nur zu verzehren, sondern zu vernichten. Nicht das Vernichten, sondern das Erhalten und Konservieren ruiniert die moderne Wirtschaft, deren Umsatzprozesse durch das Vorhandensein von Bestand jeglicher Art verlangsamt werden können, weil die einzige, ihr eigene Konstante in der ständigen Geschwindigkeitszunahme des Produktionsprozesses liegt.« Man muss sich diesen kraftvollen Mechanismen vor Augen führen, wenn man der Frage nachgeht, was der einzelne Konsument bewirken kann, im Kampf für gerechtere Arbeitsbedingungen in den Textilfabriken oder gegen die Klimaerwärmung.

Die Rückkehr in die politische Arena

Wer ethisch einkauft, demonstriert, dass er auf Werte wie Fairness und Umweltschutz im Wirtschaftsleben achtet. Das ist ein wichtiges Signal für die Gesellschaft! Denn das dominierende klassische Wirtschaftsverständnis baut einseitig auf einem Menschenbild auf, bei dem jeder auf seinen ökonomischen Nutzen fixiert ist. Offensichtlich können Verbraucher mit einem gezielten Einkaufen auch alternative Wirtschaftsweisen vorantreiben. Das ist beim fairen Handel mit einem Mindestpreis und Prämien für die beteiligten Produzenten genauso der Fall wie bei der biologischen Landwirtschaft mit ihrem Verzicht auf chemischen Dünger oder künstliche Pflanzenschutzmittel und einer schonenden Bearbeitung des Bodens oder bei ethischen Banken mit deren Beschränkung auf die Realwirtschaft und Fokussierung auf nachhaltige Geldgeschäfte. Im Kleinen können auf diese Weise Dinge ausprobiert werden, die später auf das große Ganze übertragen werden könnten. Schon alleine aufgrund dieser gesellschaftlichen Pilotfunktion kann es sinnvoll sein, gezielt ethisch einzukaufen.

Die große Mehrheit der Verbraucher stützt – bewusst oder unbewusst – mit ihrem Einkaufsverhalten den verheerenden sozialen und ökologischen Status quo. Einige werden saubere Produkte ohnehin erst dann kaufen, wenn schmutzige Ware teurer geworden oder verboten worden ist. Die ethische Einkaufs-Avantgarde kann schon aufgrund ihrer geringen Zahl über den Markt nur punktuell etwas bewirken. Zudem gibt es für sie Grenzen: Prinzipiell können sie nur aus dem gegebenen Angebot wählen oder es verweigern.

Wer die Gesellschaft nachhaltig umgestalten will, dem stellt sich die gleiche Frage wie den Aktivisten der vergangenen Jahrhunderte, die als Minderheit eine Mehrheit von ihrem Anliegen überzeugen wollten. Die Abolitionisten in den USA stritten schon über Sinn und Unsinn von »Free Produce« Stores, also Läden für Produkte freier Arbeiter. Die Befürworter hielten es für eine tolle Idee. Dagegen fragten die Skeptiker: Setzen wir unsere Kraft am besten ein, wenn wir solche Läden gründen, oder fehlt uns am Ende dann nicht die Kraft, unser Kernanliegen durchzusetzen, weil wir uns darin aufreiben, ein alternatives Angebot bereitzustellen? Lässt sich überhaupt durch die Beschaffung und den Verkauf solcher Waren die Sklaverei abschaffen? Am Ende erwies sich der Buykott von Waren als bedeutungslos für die Abschaffung der Sklaverei. Dagegen spielte der Boykott eine wichtige Rolle in der öffentlichen Auseinandersetzung für die Mobilisierung der Bevölkerung. Die Entscheidung über die Abschaffung der Sklaverei trafen am Ende jedoch Politiker im Parlament und keinesfalls Verbraucher im Laden.

Wer sich verbindliche soziale und ökologische Leitplanken für alle Wirtschaftsakteure – Unternehmer wie Verbraucher – wünscht, der muss sich auch heute in die politische Arena begeben. Wer glaubt, er könne alleine durch sein Einkaufsverhalten die Welt retten, sitzt einer Illusion auf. Das schöne Bild des rational entscheidenden Verbrauchers ist ein Mythos. Besser passt das Bild vom unsteten und irrational agierenden Konsumenten.

Die große Macht der Verbraucher propagieren gerne diejenigen, die eine politische Regulierung verhindern wollen. Insofern gehört der mündige Käufer zu dem Repertoire derjenigen, die auf den Markt vertrauen und den Staat weitgehend aus dem Geschehen heraushalten wollen. Als Schreckgespenst zeichnen sie gerne das Bild eines Gouvernanten-Staates, der mit seinen Entscheidungen den Konsumenten bevormundet. Aber der Staat, das sind die Bürger gemeinsam. Jeder von uns kann sich in einer Demokratie grundsätzlich und gleichberechtigt mit anderen einmischen. Jeder Bürger hat in den politischen Arenen eine Stimme. Dagegen entscheidet auf dem Markt das Geld über den Einfluss und das ist höchst ungleich verteilt.

Bei aller berechtigten Kritik an unseren demokratischen Institutionen ist und bleibt der entscheidende Schlüssel in einer Demokratie die Politik. »Wahlen sind noch immer unsere einzige verfassungsmäßige Möglichkeit, Einfluss auf die Politik zu nehmen«, schreibt der britische Historiker Tony Judt in *Dem Land geht es schlecht*. Wer eine gerechtere und ökologischere Welt für alle anstrebt, ist also vor allem als Bürger gefragt, der in Parteien und Parlamenten mitmischt. Es gibt großen Bedarf. Denn man kann Judt leider nur beipflichten, dass wir in einem »Zeitalter der politischen Zwerge« leben. Gerade in der aktuellen Krise vermisst ein überzeugter Europäer Politiker vom Format eines Willy Brandt, Winston Churchill, Luigi Einaudi oder Franklin Roosevelt. Wer mit dem politischen

Personal unzufrieden ist, der kann jedoch selbst handeln und sich zur Wahl stellen oder in politischen Parteien für eine andere Auswahl streiten. Davor schrecken heutzutage viele zurück, oft bestärkt von dem Eindruck, die gegenwärtige gesellschaftliche Entwicklung sei alternativlos. Das aber ist ein Irrtum. Welchen Weg unsere Gesellschaften einschlagen, hängt davon ab, welche Ideen sich durchsetzen. Fakt ist: Es gibt sehr unterschiedliche Interessen. Der Kleinbauer in einem Entwicklungsland will nicht das Gleiche wie der Agrarkonzern; der Milchbauer in Europa hat andere Interessen als ein Discounter; wer auf sein Arbeitseinkommen angewiesen ist, hat andere Interessen als der Wohlhabende, der von Zinserträgen lebt; ein Konzern, der Luxusautos baut, verfolgt andere Ziele als eine Firma, die Fahrräder herstellt.

In den politischen Arenen besteht zumindest die Chance, dass über jedes gesellschaftliche Problem debattiert und abgestimmt wird. Denn die Politik befasst sich mit dem ganzen Spektrum gesellschaftlichen Lebens. Anders funktioniert der Markt, der darauf ausgerichtet ist, die wahren oder künstlichen Bedürfnisse von Käufern zu erfüllen, die sich kommerziell verwerten lassen. Außen vor bleiben elementare Güter, ob Gerechtigkeit, Gleichberechtigung oder Chancengleichheit. Dabei sind solche Güter vielen wichtig, was die Debatten um die Arbeitsbedingungen der Textilarbeiterinnen in Bangladesch, die Bootsflüchtlinge aus Afrika oder die Rolle des Mindestlohns im Bundestagswahlkampf 2013 zeigen.

Die Marktwirtschaft ist eine wunderbare Erfindung und kann eine ungeheure Dynamik entfalten. Ob der Markt im Dienste der Gesellschaft agiert, hängt von den Regeln ab. Seit dem Aufkommen des Kapitalismus haben die Menschen sich – jeweils aus der Perspektive ihrer Zeit – für unterschiedliche Reglements entschieden. Das Spektrum reicht vom Manchesterkapitalismus in England, über die soziale Marktwirtschaft in Deutschland bis zum Staatskapitalismus in China oder dem globalen Finanzkapitalismus unserer Tage. Aus heutiger Perspektive ist vor allem eine Neujustierung des Verhältnisses von Staat und Markt notwendig. Wer hier politisch mitmischen will, kann dies heute einfacher denn je. Im Netzzeitalter lässt sich politische Arbeit eben überall erledigen.

Menschen mobilisieren – das ist die Spezialität von *Campact*, der Organisation, deren Namen sich aus den englischen Wörtern für Kampagne und Aktion zusammensetzt. Aktiv wird die Plattform, wenn Politiker ihrer Meinung nach etwas machen, das im Widerspruch steht zu dem, was die Mehrheit der Bevölkerung eigentlich will. »Wir versuchen, der schweigenden oder unorganisierten Mehrheit eine Stimme zu geben«, sagt Campact-Vorstand Felix Kolb, der die Idee bei einem Studienaufenthalt in den USA kennenlernte. Eine Kollegin hatte einen Zettel in ihrem Büro mit dem Spruch aufgehängt: »Regime Change Begins At Home«. Kolb fragte nach, lernte das Kampagnen-Netzwerk *Moveon.org* kennen, und war begeistert, weil die Plattform es Menschen ermöglicht, sich mit wenig Aufwand in das politische Geschehen einzuklinken.

»Viele Leute haben Interesse an Politik, aber wenig Zeit«, sagt Kolb. Der 41-Jährige hat sich selbst seit seiner Jugend politisch eingemischt, ob in der Anti-Atomkraft-Bewegung oder später bei Attac. Die 20 Mitarbeiter von *Campact* agieren von Verden aus, einer bei Bremen gelegenen Kleinstadt. An den Wänden ihrer Büros im örtlichen Ökozentrum hängen Fotos von Aktionen: für einen Ausbau von Kitas, gegen den Anbau von Genmais, für den endgültigen Ausstieg aus der Atomenergie.

Skeptiker mögen in dem Verfassen von Onlinepetitionen eine Art politisches Fast-Food-Engagement sehen. Aber es ist eben auch eine Möglichkeit, um Menschen vom passiven Zuschauer von politischen Aktivitäten zu ersten Handlungen zu aktivieren. »Wir bündeln die Leute und erhöhen damit ihre Chance, dass sie etwas erreichen«, sagt Kolb. Eine einzelne Email an einen Abgeordneten bewirkt eben weniger als tausende. Insofern erleben die Beteiligten bei den elektronischen Aktionen auch eine Vorstellung von gemeinsamer Stärke. Bei manch einem stehen solche Onlineaktivitäten am Anfang eines umfassenderen politischen Engagements: »Einige haben durch uns den Antrieb bekommen, bei Organisationen wie *Attac*, dem *BUND* oder *Greenpeace* mitzumachen, einige sind in die Politik gegangen«, erzählt Kolb.

Minderheiten können eine große Schlagkraft bei der Umsetzung neuer Wirtschaftsweisen in der Zivilgesellschaft und bei der Schaffung neuer Rahmenbedingungen in den politischen Arenen entwickeln. »Um etwas zu ändern, braucht man zehn Prozent und die müssen gut organisiert sein, um eine Debatte zu beeinflussen«, sagt Berufsaktivist Thilo Bode, Gründer der NGO *Foodwatch*. Die Geschichte ist reich an Beispielen, ob in der Arbeiter-, Frauen-, Bürgerrechts- oder Umweltbewegung.

Die Aktivisten von *Attac* gründeten ihr Netzwerk zum Beispiel Ende der Neunzigerjahre, weil sie es für notwendig hielten, eine Finanztransaktionssteuer einzuführen. Damals zockten viele ihrer Zeitgenossen am Neuen Markt und eine Finanzkrise in der heutigen Dimension war für die meisten Bürger in Europa undenkbar. Die Verfechter der Steuer waren für viele ihrer Zeitgenossen linke Spinner. Mittlerweile befürwortet eine Mehrheit der EU-Staaten die Einführung einer solchen Steuer, darunter die konservative Bundeskanzlerin Angela Merkel. Das Beispiel zeigt, welche Ausdauer politische Reformer haben müssen, damit aus einem sinnvollen Anliegen einer kleinen Minderheit ein mehrheitsfähiges Thema wird. An Grundsatzentscheidungen rütteln die Politiker in stabilen Demokratien auch selten gleich wieder, wenn die Machtverhältnisse sich ändern. Das ist eine große Stärke von Demokratien.

Für den Ausstieg aus der Atomenergie plädierte anfangs ebenfalls nur eine Minderheit in Deutschland. Im Laufe der Zeit bekam sie Zulauf, vor allem nach Atomunfällen wie in Tschernobyl und Fukushima. Eine entscheidende Rolle beim Atomausstieg spielten die Bürger, die erst Initiativen und dann mit den Grünen eine neue Partei gründeten oder wählten. Die Politiker setzten in der rot-grünen Koalition den Atomausstieg durch und leiteten damit eine Wende zu erneuerbaren Energiequellen ein.

Es gibt viele gesellschaftliche Aufgaben, für deren Umsetzung Bürger sich politisch einsetzen könnten, wenn sie eine gerechtere und nachhaltigere Gesellschaft erreichen wollen. Zwei Ansätze möchte ich im Folgenden herausgreifen, weil sie eine besonders große Hebelwirkung hätten. Die heutige, einseitig auf den Gewinn fixierte Unternehmensführung ist kein Naturgesetz, sie hat sich in den vergangenen hundert Jahren herausgebildet. Anfang des 20. Jahrhunderts verhielten sich viele Unternehmer noch anders, so wie der Autobauer Henry Ford. Weil er es für sozial hielt, mehr Leute einzustellen, um sie an den Vorteilen der industriellen Arbeitsteilung teilhaben zu lassen, wollte er seine Produktion ausweiten und war dafür auch bereit, einen geringeren Gewinn in Kauf zu nehmen. Er senkte auch den Verkaufspreis für sein Erfolgsmodell, damit sich mehr Menschen einen Wagen kaufen konnten. Ganz anderer Ansicht waren die Brüder Dodge, die zehn Prozent der Aktien des Ford-Unternehmens hielten. Nach Meinung der Großaktionäre war der Hauptzweck eines Unternehmens die Gewinnerzielung. Sie klagten deshalb gegen Fords Pläne für neue Automobilwerke. Zwar tasteten die Richter das Recht in den USA nicht an, aber es setzte sich zunehmend in der Öffentlichkeit die Sichtweise der Dodge-Brüder durch.

Der unternehmerische Gewinn ist die entscheidende Größe in der Marktwirtschaft. Damit deren Dynamik sich aber in gesellschaftlich sinnvoller Art und Weise entfalten kann, ist es entscheidend, wie der unternehmerische Gewinn definiert wird. Heute ist der Faktor Natur für einen Unternehmer ein Input wie Arbeit oder Kapital, mit einem wichtigen Unterschied: Für die Natur braucht er oft wenig oder gar nichts zu zahlen. Deswegen gibt es für Unternehmer einen gehörigen Anreiz, die Natur übermäßig zu beanspruchen. Denn den Gewinn können die Unternehmer verbuchen, die Kosten trägt die Allgemeinheit. Eine Firma mag stolzer Weltmarktführer mit ihren Produkten sein. Aber wenn sie ihre Erzeugnisse nur deswegen konkurrenzfähig verkaufen kann, weil sie die Kosten auf Umwelt oder Menschen abwälzt, dann ist der betriebswirtschaftliche Erfolg dieses Unternehmens für die Gesellschaft nutzlos.

Um das zu ändern, wollen der Ökonom Gerhard Scherhorn und der Moraltheologe Johannes Hofmann die Gesetze ändern. Sie beschäftigen sich mit dem Thema schon lange, in den Neunzigerjahren haben sie mit dem *Frankfurt-Hohenheimer Leitfaden* eine Grundlage für die ethisch-ökologische Bewertung von unternehmerischem Handeln entwickelt. Darauf basiert der Ansatz von *Oekom*, der größten Ratingagentur für Nachhaltigkeit in Deutschland. Aus ihrer Arbeit entstand die an der Frankfurter Goethe Universität beheimatete Projektgruppe für ethisch-ökologisches Rating, mit Mitgliedern aus Wissenschaft und Praxis. Geht es nach ihnen, dann soll die Politik alle Unternehmen verpflichten, Verbrauchtes wiederherzustellen, gleichwertig zu ersetzen oder das Gemeingut zumindest so schonend zu behandeln, dass es sich regenerieren kann. Geschehen soll dies nach den Vorstellungen der Wissenschaftler durch eine Änderung der gesetzlichen Rahmenbedingungen. Wie das einzelne Unternehmen konkret innerhalb des abgesteckten Rahmens agiert, wäre dann wiederum seine Sache. Insofern steht der Ansatz in der Tradition des Ordoliberalismus, den auch die Väter der sozialen Marktwirtschaft verfolgten. In der Praxis könnte dies zum Beispiel bedeuten, dass ein Hersteller seine Teppichböden so konstruiert, dass der Kunststoff nach Gebrauch wieder in seine Moleküle zurückverwandelt werden könnte, um daraus neue Produkte herzustellen.

Die Wissenschaftler können an Grundlagen im deutschen Recht anknüpfen: Schließlich haben die Verfasser des Grundgesetzes den Erhalt der Gemeingüter bereits 1949 gefordert, durch Artikel 14.2 (»Eigentum verpflichtet«) und Artikel 20a (»Schutz der natürlichen Lebensgrundlagen«). Ändern wollen die Forscher den Paragrafen 903 des Bürgerlichen Gesetzbuches: Das Recht des Eigentümers, »mit der Sache nach Belieben« zu verfahren, müsse nicht nur wie bislang durch die Rechte Dritter, sondern auch durch die Pflicht zur Erhaltung der Gemeingüter begrenzt werden. Die Verbrauchskosten für Umwelt und Soziales würden künftig bei der Bilanzierung vom Umsatz eines Unternehmens genauso abgezogen wie dies heute beispielsweise schon für die Posten Arbeit, Rohstoffbeschaffung oder Werbung gilt. Diese Mittel stünden zur Verfügung, um Schäden zu beseitigen: Zum Beispiel könnten Meere von Plastikmüll gesäubert oder Wüsten aufgeforstet werden. »Der Wettbewerb fördert dann die Erhaltung statt den Verzehr der Gemeingüter«, sagte der Geograph Daniel Dahm, Geschäftsführer der Projektgruppe. Der Gewinn der Firmen würde drastisch schrumpfen, ein Großteil der Unternehmen dürfte bei einer solchen ehrlichen Wirtschaftsweise zunächst einmal Verluste schreiben. Das tun sie volkswirtschaftlich betrachtet heute jedoch bereits, was nur durch die Art der Bilanzierung verdeckt wird.

»Wenn ich das komplett durchdekliniere, bin ich bei einer kompletten Umkehr der Art und Weise, wie wir Welthandel in den letzten 20 bis 40 Jahren organisiert haben«, sagte der Präsident des *Wuppertal Instituts* Uwe Schneidewind, Befürworter einer solchen Reform. Sie wäre folgenreich für Konsumenten: Die gute Nachricht wäre, dass künftig jeder alles kaufen könnte, was ihm gefällt, ohne sich über die Folgen seines Konsums Gedanken zu machen. Denn er könnte sicher sein, dass er mit dem Kauf der Produkte und Dienstleistungen weder Mensch noch Natur schadet. Allerdings würden die Produkte und Dienstleistungen drastisch teurer, da keine Lasten mehr abgewälzt werden könnten – das ist die schlechte Nachricht.

Der Ansatz wäre auch eine elegante Möglichkeit, um ein weiteres akutes Problem zu lösen: die massive Anhäufung von Kapital, das derzeit zu großen Teilen für Spekulation an den Finanzmärkten eingesetzt wird. Ein Großteil würde künftig nämlich zur Vermeidung oder Beseitigung von sozialen oder ökologischen Schäden eingesetzt – es würde in der Realwirtschaft tätig. Hier entstünden neue Arbeitsplätze. Denn viele Leute müssten anpacken, um das Meer zu säubern, tote Industrielandschaften zu beleben oder die Wüsten aufzuforsten.

Die ungerechte Verteilung unseres weltweit erwirtschafteten Wohlstands verhindert ein auskömmliches Dasein von Milliarden Menschen, die hungern oder fehlernährt sind. Global betrachtet verfügt nur eine Minderheit der Bevölkerung über eine ausreichende Kaufkraft, um ökologisch und sozial nachhaltig einkaufen gehen zu können. Selbst in reichen Ländern hat die Armut seit den Siebzigerjahren teilweise zugenommen, gemessen an Indikatoren wie Kindersterblichkeit, Lebenserwartung, medizinischer Versorgung, regelmäßiger Arbeit oder verfügbarem Einkommen. In Deutschland verdiente 2013 mehr als jeder zehnte Beschäftigte weniger als sieben Euro pro Arbeitsstunde, jeder vierte Beschäftigte befand sich in prekären Arbeitsverhältnissen wie Leiharbeit oder Minijob. Damit beschränkt sich die gesellschaftliche Gestaltungsmacht der Konsumenten weitgehend auf eine Minderheit Gutwilliger mit ausreichend gefülltem Portemonnaie. Wer auf demokratischem Wege eine nachhaltige Gesellschaft erreichen will, muss folglich auch die Verteilungsfrage stellen, umso mehr, wenn er eine Veränderung der politischen Rahmenbedingungen anstrebt, wie sie oben geschildert wurde.

Ein großer Hebel wäre deshalb das Grundeinkommen – eine alte Idee. Bereits im Jahr 1526 regte der spanische Humanist Juan Luis Vives eine Grundversorgung für alle Bürger an. Der englische Frühsozialist Thomas Paine leitete aus dem Naturrecht sogar ein Anrecht auf ein Startkapital und eine Grundrente für jeden Bürger ab. Schließlich habe es im Naturzustand keine Armut gegeben, die habe erst die Zivilisation hervorgebracht. Gemäß dieser Logik steht jedem Mitglied einer Gesellschaft folglich eine Art Kompensation zu. Es gibt weitere Modelle wie Sozialdividende oder negative Einkommensteuer. Im Kern geht es immer darum, dass der Staat jedem seiner Bürger ohne Bedarfsprüfung einen bestimmten Betrag auszahlt. Die Befürworter kommen aus den unterschiedlichsten politischen Lagern und verfolgen unterschiedliche Motive: Der US-Ökonom Milton Friedman wollte so die Bürokratie abbauen und den Markt entfesseln; dagegen sah der Schriftsteller Erich Fromm darin einen Weg, die Abhängigkeit jedes Einzelnen vom Markt zu überwinden – gegensätzlicher geht es kaum.

Einiges spricht dafür, dass ein Grundeinkommen positive gesellschaftliche Prozesse in Gang setzen würde, gerade hinsichtlich unseres Konsumverhaltens und mit Blick auf eine nachhaltigere Gesellschaft. Der Einzelne wäre freier in seinen Entscheidungen. Im Falle eines bedingungslosen Grundeinkommens bräuchte sich nämlich niemand mehr Gedanken darüber machen, dass er als Arbeitsloser binnen kurzer Zeit abrutscht. Mehr Menschen dürften sich dann Gedanken darüber machen, was sie für sinnvoll halten. Viele begeistern sich zum Beispiel eigentlich für soziale und kreative Berufe, scheuen sie aber wegen der geringen Bezahlung. Hier könnte es einen Boom geben.

Die Menschen hätten nun Zeit für andere Tätigkeiten, auch solche außerhalb bisheriger Erwerbsstrukturen: Sie könnten sich mit ihren Kindern beschäftigen, Nahrungsmittel anbauen, Bedürftige pflegen, musizieren, malen oder ehrenamtliche Tätigkeiten annehmen. Wer selber in seinem Garten Gemüse anbaut, kauft keines aus spanischen Gewächshäusern. Wer Kindern Fußballspielen oder Musizieren beibringt, sorgt mit dafür, dass sich bei der nachwachsenden Generation immaterielle Werte bilden, die vor allem etwas mit der Entwicklung der Persönlichkeit und weniger mit dem Konsum zu tun haben. Daniel Straub, Mitgründer einer Schweizer Initiative für ein Grundeinkommen, hält dessen Einführung für einen vergleichbaren »Entwicklungsschritt für die Menschheit wie die Abschaffung der Sklaverei«.

Wer fordert, dass sich die Märkte an die Menschen anpassen müssen und nicht die Menschen an die Märkte, gilt vielen als verrückt. Eine Wende zum Bessern ist jedoch nur möglich, wenn solche Verrückte sich durchsetzen. Überzeugen müssen sie jedoch in einer Demokratie ihre Zeitgenossen, damit diese eine andere Politik mittragen. Denn über wirksame Regeln für Unternehmen, für die von ihnen verursachten Schäden selbst aufzukommen, die Einführung eines Grundeinkommens für Bürger und viele andere Ideen, mit denen unsere Welt sozial und ökologisch nachhaltiger gestaltet werden kann, wird in der politischen Arena entschieden.

»Macht entsteht, wann immer Menschen sich zusammentun und gemeinsam handeln«, schreibt die politische Denkerin Hannah Arendt. Wer die Welt verändern will, muss sich entsprechend mit anderen zusammenschließen und politisch mitmischen. Es ist Zeit, dass der Mensch mehr auf Kooperation und Politik setzt statt auf den Konsum. In der Hand von Gruppen, die ihre Macht im positiven Sinne für eine gerechtere, faire und ökologisch nachhaltige Gesellschaft einsetzen wollen, kann der gezielte Konsum dann wiederum durchaus ein wichtiges Instrument sein, nicht weniger, aber auch nicht mehr. Eines sollten wir dabei stehts im Kopf haben: Alle entscheidenden gesellschaftlichen Reformen verdanken wir politisch tätigen Menschen.

Mein Dank gilt ...

… den zahlreichen mitdenkenden Gesprächspartnern, darunter Lukas Beckmann, Daniel Dahm, Christian Felber, Martin Hartwig, Andreas Hoffmann, Johannes Hoffmann, David Klingenberger, Hanna Leitgeb, Stephan Meyer, Dieter Overath, Gerhard Scherhorn und ganz besonders Thekla.